王小波　主编

中国海域海岛地名志

山东卷

海洋出版社

2020 年 · 北京

图书在版编目（CIP）数据

中国海域海岛地名志．山东卷／王小波主编．—北京：海洋出版社，2020.1

ISBN 978-7-5210-0558-5

Ⅰ．①中… Ⅱ．①王… Ⅲ．①海域—地名—山东②岛—地名—山东 Ⅳ．①P717.2

中国版本图书馆 CIP 数据核字（2019）第 297910 号

主　　编：王小波（自然资源部第二海洋研究所）
责任编辑：薛菲菲　高朝君
责任印制：赵麟苏
海洋出版社 出版发行
http：//www.oceanpress.com
北京市海淀区大慧寺 8 号　邮编：100081
廊坊一二〇六印刷厂印刷
2020 年 1 月第 1 版　2020 年 11 月河北第 1 次印刷
开本：889mm×1194mm　1/16　印张：13.25
字数：195 千字　定价：180.00 元
发行部：010-62100090　邮购部：010-62100072
总编室：010-62100034

《中国海域海岛地名志》

总编纂委员会

《中国海域海岛地名志·山东卷》

编纂委员会

主　编：高　翔

副主编：刘洪军　唐学玺　朱安成　王　晶

编写组：

自然资源部第一海洋研究所：刘如英　黄　沛

山东省海洋预报减灾中心：陈　璐　柳　杰　张聿柏　王其翔　王　源

山东省海洋生物研究院：官曙光　盖珊珊　李绍彬

中国海洋大学：周　斌

国家海洋技术中心：吴姗姗　刘　亮

前　言

我国海域辽阔，海域海岛地理实体众多，在历史的长河中产生了丰富多彩、类型各异的地名，是重要的基础地理信息。开展全国海域海岛地名普查工作，对于维护国家主权和领土完整，巩固国防建设，促进经济社会协调发展，方便社会交流交往、人民群众生产生活，提高政府管理水平和公共服务能力，都具有十分重要的意义。

20世纪80年代，中国地名委员会组织开展了我国第一次地名普查，对海域地名也进行了普查（台湾省及香港、澳门地区的地名除外），并进行了地名标准化处理。经过近30年的发展，在海域海岛地理实体中，有实体无名、一实体多名、多实体重名的现象仍然不同程度存在；有些地理实体因人为开发、自然侵蚀等原因已经消失，但其名称依然存在。在海洋经济已经成为拉动我国国民经济发展有力引擎的新形势下，特别是党的十九大报告提出"坚持陆海统筹，加快建设海洋强国"，开展海域海岛地名普查及标准化工作刻不容缓。

根据《国务院办公厅关于开展第二次全国地名普查试点的通知》（国办发〔2009〕58号）精神和《第二次全国地名普查试点实施方案》的要求，原国家海洋局于2009年组织开展了全国海域海岛地名普查工作，对海域、海岛及其他地理实体展开了全面的调查，空间上涵盖了中国所有海岛，获取了我国海域海岛地名的基本情况。全国海域海岛地名普查工作得到了沿海省、直辖市、自治区各级政府的大力支持，11个沿海省（市、区）的各级海洋主管部门、37家海洋技术单位、数百名调查人员投入了这项工作，至2012年基本完成。对大陆沿海数以万计的海岛进行了现场调查，并辅以遥感影像对比；对港澳台地区的海岛地理实体进行了遥感调查，并现场调查了西沙、南沙的部分岛礁，获取了大量实地调查资料和数据。这次普查基本摸清了全国海域、海岛和其他地理实体的数量与分布，了解了地理实体名称含义及历史沿革，掌握了地理实体的开发利用情况，并对地理实体名称进行了标准化处理。《中国海域海岛地名志》即是全国海域海岛地名普查工作成果之一。

地名志是综合反映地名的专著，也是标准化地名的工具书。1989 年，中国地名委员会以第一次海域地名普查成果为基础，编纂完成《中国海域地名志》，收录中国海域和海岛等地名 7 600 多条。根据第二次全国海域海岛地名普查工作总体要求，为了详细记录全国海域海岛地名普查成果，进一步加强海域海岛名称管理，传承海域海岛地名历史文化，维护国家海洋权益，原国家海洋局组织成立了《中国海域海岛地名志》总编纂委员会，经过沿海省（市、区）地名普查和编纂人员三年的共同努力，于 2014 年编纂完成了《中国海域海岛地名志》初稿。2018 年 6 月 8 日，国家海洋局、民政部公布了《我国部分海域海岛标准名称》。编委会依据公布的海域海岛标准名称，对初稿进行了认真的调整、核实、修改和完善，最终编纂完成了卷帙浩繁的《中国海域海岛地名志》。

《中国海域海岛地名志》由辽宁卷，山东卷，浙江卷，福建卷，广东卷，广西卷，海南卷和河北、天津、江苏、上海卷共 8 卷组成。其中河北、天津、江苏、上海合为一卷，浙江卷分为 3 册，福建卷分为 2 册，广东卷分为 2 册，全国共 12 册。共收录海域地理实体地名 1 194 条、海岛地理实体地名 8 923 条，内容涵盖了地名含义及沿革、位置面积资源等自然属性、开发利用现状等社会经济属性以及其他概况。所引用的数据主要为现场调查所得。

《中国海域海岛地名志》是全面系统记载我国海域海岛地名的大型基础工具书，是我国海洋地名工作一项有意义的文化工程。本书的出版，将为沿海城乡建设、行政管理、经济活动、文化教育、外事旅游、交通运输、邮电、公安户籍、地图测绘等事业，提供历史和现实的地名资料；同时为各企事业单位和广大读者提供地名查询服务，并为海洋科技工作者开展海洋调查提供基础支撑。

本书是《中国海域海岛地名志·山东卷》，共收录海域地理实体地名 158 条，海岛地理实体地名 499 条。本卷在搜集材料和编纂过程中，得到了原山东省海洋与渔业厅、山东省各级海洋和地名有关部门以及山东省海洋生物研究所、自然资源部第一海洋研究所、自然资源部第二海洋研究所、自然资源部第三海洋研究所、国家卫星海洋应用中心、国家海洋信息中心、国家海洋技术中心等海洋技术单位的大力支持。在此我们谨向为编纂本书提供帮助和支持的所有领导、专家和技术人员致以最深切的谢意！

鉴于编者知识和水平所限，书中错漏和不足之处在所难免，尚祈读者不吝指正。

《中国海域海岛地名志》总编纂委员会

2019 年 12 月

凡　例

1. 本志主要依据国家海洋局《关于印发〈全国海域海岛地名普查实施方案〉的通知》（国海管字〔2010〕267号）、《国家海洋局海岛管理司关于做好中国海域海岛地名志编纂工作的通知》（海岛字〔2013〕3号）、《国家海洋局民政部关于公布我国部分海域海岛标准名称的公告》（2018年第1号）进行编纂。

2. 本志分前言、凡例、目录、地名分述和附录。

3. 地名分述分海域地理实体、海岛地理实体两部分。海域地理实体包括海、海湾、海峡、水道、滩、半岛、岬角、河口；海岛地理实体包括群岛列岛、海岛。

4. 按条目式编纂。

（1）海域地理实体的条目编排顺序，在同一省份内，按市级行政区划代码由小到大排列，在县级行政区域内按地理位置自北向南、自西向东排列。

（2）群岛列岛的条目编排顺序，原则上在省级行政区域内按地理位置自北向南、自西向东排列；有包含关系的群岛列岛，范围大的排前。

（3）海岛的条目编排顺序，在同一省份内，按市级行政区划代码由小到大排列，在县级行政区域内原则上按地理位置自北向南、自西向东排列。有主岛和附属岛的，主岛排前。

5. 入志范围。

（1）海域地理实体部分。

海：2018年国家海洋局、民政部公布的《我国部分海域海岛标准名称》（以下简称《标准名称》）中收录的海。

海湾：《标准名称》中面积大于5平方千米的海湾和小于5平方千米的典型海湾。

海峡：《标准名称》中收录的海峡。

水道：《标准名称》中最窄宽度大于1千米且最大水深大于5米的水道和已开发为航道的其他水道。

滩：《标准名称》中直接与陆地相连，且长度大于 1 千米的滩。

半岛：《标准名称》中面积大于 5 平方千米的半岛。

岬角：《标准名称》中已开发利用的岬角。

河口：《标准名称》中河口对应河流的流域面积大于 1 000 平方千米的河口和省级界河口。

（2）海岛地理实体部分。

群岛、列岛：《标准名称》中大陆沿海的所有群岛、列岛。

海岛：《标准名称》中收录的海岛。

6. 实事求是地记述我国海域地理实体、海岛地理实体的地名含义及历史沿革；全面真实地反映地理实体的自然属性和社会经济属性。对相关属性的描述侧重当前状态。上限力求追溯事物发端，下限至 2011 年年底，个别特殊事物和事件适当下延。

7. 录用的资料和数据来源。

地名的含义和历史沿革，取自正史、旧志、地名词典、档案、文件、实地调访以及其他地名资料。

群岛列岛地理位置为遥感调查。海岛地理位置为现场实测，并与遥感调查比对。

岸线长度、近岸距离、面积，为本次普查遥感测量数据。

最高点高程，取自正史、旧志、调查报告、现场实测等。

人口，取自现场调查、民政部门登记资料以及官方网站公布数据。

统计数据，取自统计公报、年鉴、期刊等公开资料。

8. 数据精确度按以下位数要求。如引用的数据精确度不足以下要求位数的，保留引用位数；如引用的数据精确度超过要求位数的，按四舍五入原则留舍。

地理位置经纬度精确到分位小数点后一位数。

湾口宽度、海峡和水道的最窄宽度、河口宽度，小于 1 千米的，单位用“米”，精确到整数位；大于或等于 1 千米的，单位用“千米”，精确到小数点后两位。

岸线长度、近陆距离大于 1 千米的，单位用“千米”，保留两位小数；小于 1 千米的，单位用“米”，保留整数。

面积大于 0.01 平方千米的，单位用“平方千米”，保留四位小数；小于 0.01 平方千米的，单位用“平方米”，保留整数。

高程和水深的单位用“米”，精确到小数点后一位数。

9. 地名的汉语拼音，按 1984 年 12 月 25 日中国地名委员会、中国文字改革委员会、国家测绘局颁布的《中国地名汉语拼音字母拼写规则（汉语地名部分）》拼写。

10. 采用规范的语体文、记述体。行文用字采用国家语言文字工作委员会最新公布的简化汉字。个别地名，如“碜”“砛”“沥”等方言字、土字因通行于一定区域，予以保留。

11. 标点符号按中华人民共和国国家标准《标点符号用法》（GB/T 15834－1995）执行。

12. 度量衡单位名称、符号使用，采用国务院 1984 年 3 月 4 日颁布的《中华人民共和国法定计量单位的有关规定》。

13. 地名索引以汉语拼音首字母排列。

14. 本志中各分卷收录的地理实体条目和各地理实体相对位置的表述，不作为确定行政归属的依据。

15. 本志中下列用语的含义：

海，是指海洋的边缘部分，是大洋的附属部分。

海湾，是指海或洋深入陆地形成的明显水曲，且水曲面积不小于以口门宽度为直径的半圆面积的海域。

海峡，是指陆地之间连接两个海或洋的狭窄水道或狭窄水面。

水道，是指陆地边缘、陆地与海岛、海岛与海岛之间的具有一定深度、可通航的狭窄水面。一般比海峡小或是海峡的次一级名称。

滩，是指高潮时被海水淹没、低潮时露出，并与陆地相连的滩地。根据物质组成和成因，可分为海滩、潮滩（粉砂淤泥质）和岩滩。

半岛，是指伸入海洋，一面同大陆相连，其余三面被水包围的陆地。

岬角，是指突入海中、具有较大高度和陡崖的尖形陆地。

河口，是指河流终端与海洋水体相结合的地段。

海岛，是指四面环海水并在高潮时高于水面的自然形成的陆地区域。

有居民海岛，是指属于居民户籍管理的住址登记地的海岛。

常住人口，是指户口在本地但外出不满半年或在境外工作学习的人口与户口不在本地但在本地居住半年以上的人口之和。

群岛，是指彼此相距较近的成群分布的岛群。

列岛，一般指线形或弧形排列分布的岛链。

目 录

上篇 海域地理实体

第一章 海

第二章 海 湾

第三章 海 峡

第四章 水 道

第五章　滩

第六章　半　岛

第七章　岬　角

第八章 河 口

下篇 海岛地理实体

第九章 群岛列岛

第十章 海 岛

上篇

海域地理实体

HAIYU DILI SHITI

第一章　海

渤海（Bó Hǎi）

北纬 36°58.0′— 40°59.0′，东经 118°42.0′—122°17.0′。北与辽宁省接壤，西与河北省、天津市相邻，南与山东省毗邻，仅东部以北起辽东半岛南端的老铁山西角和南至山东半岛北部的蓬莱头之间的渤海海峡与黄海相通。渤海是中华人民共和国的内海。

渤海之名，久矣。早在我国古籍《山海经·南山经》中就有记载："又东五百里，曰丹穴之山……丹水出焉，而南流注于渤海"，"又东五百里，曰发爽之山……汎水出焉，而南流注于渤海"。《山海经·海内东经》有"济水出共山南东丘，绝钜鹿泽，注渤海……潦水出卫皋东，东南注渤海，入潦阳。虖沱水出晋阳城南，而西至阳曲北，而东注渤海……漳水出山阳东，东注渤海"。《列子》一书中也有渤海名字的记载。汤又问："物有巨细乎？有修短乎？有同异乎？"革曰："渤海之东不知几亿万里，有大壑焉，实惟无底之谷，其下无底，名曰归墟。"在《战国策·齐策一》中有"苏秦为赵合从（纵），说齐宣王曰：'齐南有太（泰）山，东有琅琊，西有清河，北有渤海，此所谓四塞之国也。'"又说："即有军役，未尝倍太山，绝清河，涉渤海也。"《战国策·赵策二》："约曰：秦攻燕，则赵守常山……齐涉渤海，韩、魏出锐师以佐之。秦攻赵，则韩军宜阳……齐涉渤海，燕出锐师以佐之。"到了秦、汉有关渤海的记载就多了。司马迁在《史记·秦始皇本纪》中有"二十八年……于是乃并渤海以东，过黄、腄、穷成山，登之罘，立石颂秦德焉而去"。在《史记·高祖本记》中有"夫齐，东有琅琊、即墨之饶，南有泰山之固，西有浊河之限，北有渤海之利"。汉高祖五年（公元前 202 年）置渤海郡，因其在渤海之滨，固以为名。班固在《前汉书·武帝纪》中也有"（元光）三年春，河水徙，从顿丘东南流入渤海"的记载。北魏郦道元在《水经注》

中说："河水出其东北陬，屈从其东南流，入于渤海。"

渤海又称渤澥。汉文学家司马相如在其《子虚赋》中有"且齐东陼钜海，南有琅琊，观乎成山，射乎之罘，浮渤澥，游孟诸"之句。到了唐代，徐坚等在《初学记》中说："东海之别有渤澥，故东海共称渤海，又通谓之沧海。"

渤海又称为北海。《山海经·海内经》云："东海之内，北海之隅，有国名曰朝鲜……其人水居，偎人爱之。"《左传·僖公四年》有："四年春，齐侯……伐楚。楚子使与师言曰：'君处北海，寡人处南海，唯是风马牛不相及也'。"这里所说的北海即包括了渤海和部分黄海。汉景帝前元二年（公元前155年）分齐郡设北海郡，东汉建武十三年（公元37年）改北海郡为北海国，其名即因北海而名之。

渤海又称辽海。《旧唐书·地理志》有"高宗时，平高丽、百济，辽海以东，皆为州"之记载。杜甫在《后出塞五首之四》中有："云帆转辽海，粳稻来东吴。"杨伦注云："辽东南临渤海，故曰辽海。"明代也将该海域称辽海。《明史·卷四〇·志第十六·地理》云："正统六年十一月，罢称行在，定为京师府……北至宣府，东至辽海，南至东明，西阜平。"清代仍有将渤海称辽海的记载，如《松江府志》中就有"自东大洋北，历山东，通辽海"的记载。

渤海海岸线长达2 278千米，面积7.7万平方千米。平均水深18米，最大水深86米，位于渤海海峡北部老铁山水道南支。渤海按其基本特征分为辽东湾、渤海湾、莱州湾、中央海区和渤海海峡五部分。辽东湾位于辽东半岛南端老铁山西角与河北省大清河口连线以北；渤海湾位于河北省大清河口与山东省黄河刁口河流路入海口连线以西；莱州湾位于黄河刁口河流路入海口至龙口市屺姆岛高角连线以南；渤海海峡位于老铁山西角至蓬莱头之间的狭长海域，渤海海峡被庙岛群岛分割成若干水道；中央海区则是上述四个海域之外的渤海的中央部分。

渤海是一个近封闭的大陆架浅海。渤海几乎被陆地包围。在地质地貌上，渤海是一个中、新生代沉降盆地。这个陆缘浅海由于受到东北向构造的控制，整个海域呈东北至西南纵长的不规则四边形，其西北一侧与燕山山地的东端及华北平原相连，东南侧紧邻山东半岛与辽东半岛。第四纪期间，渤海盆地的海水几度进退，到全新世时海平面大幅度上升才形成今天的浅海。注入渤海的河流有黄河、海河、滦河、辽河等，河流含沙量高，每年输送大量泥沙入海，使渤海逐渐淤浅、缩小。渤海沿岸较大海湾除辽东湾、渤海湾和莱州湾外，还有辽宁省的金州湾、普兰店湾、复州湾、锦州湾和连山湾，河北省的七里海等。海岛主要分布在辽东湾沿岸、渤海海峡南部，较大的海岛有长兴岛、北长山岛和南长山岛等。

渤海地处暖温带，初级生产力高，水质肥沃，有利于海洋生物的繁衍、生息。渤海共有生物资源600余种，其中鱼类生物近300种。渤海中的辽东湾、滦河口、渤海湾和莱州湾是我国重要的渔场；但多年来因过度捕捞和海洋污染等原因，渤海天然渔业产量和质量均有所下降，国家近年来大力采取伏季休渔、增殖放流等措施，实施渤海渔业资源保护与恢复。渤海盆地已经探明的油气可采资源量超过50亿吨，是目前我国最大的海上产油气盆地，秦皇岛32-6、南堡35-2、曹妃甸11-1／11-2、锦州93、金县1-1、旅大37-2、渤中25-1、蓬莱25-6／19-3等均为亿吨和近亿吨级大油田。渤海沿岸港口资源众多，天津港是我国北方最大的综合性港口，2012年完成货物吞吐量近5亿吨，营口港、秦皇岛港、唐山港等货物吞吐量也超过了2亿吨，均进入了全球货物吞吐量前二十大港口名单。渤海沿岸海盐生产历史悠久，是我国重要的海盐生产、盐化工、制碱等基地，长芦盐场是我国最大的海盐产地；莱州湾南岸的地下卤水资源是我国该类资源储量丰富的区域之一，利用卤水生产的氯化钾、氯化镁、溴素、无水芒硝等在全国盐业系统中占有突出地位。渤海旅游资源类型多样，如山海关、北戴河、蓬莱阁等是著名的滨海旅游区。渤海风能、海洋能等具有较好的开发前景。近年来，环渤海的辽宁沿海经济带、河北沿海经济带、曹妃甸新区、天津滨海新区、黄河三角洲高效生态经济区、山东半岛蓝色经济区等发展战略相继获得国家批复实施，海洋经济持续快速发展。2012年，环渤海地区海洋生产总值18 078亿元，占全国海洋生产总值的比重为36.1%。

黄海 (Huáng Hǎi)

北纬31°40.0′—39°54.1′，东经119°10.9′—126°50.0′。黄海东南以长江口

北岸的长江口北角和韩国的济州岛连线与东海相邻，东北靠朝鲜半岛，北依辽东半岛，西北经渤海海峡与渤海相通，西邻山东半岛和江苏海岸。

在古代，黄海被称为东海，《山海经·海内经》有“东海之内，北海之隅，有国名曰朝鲜”。《左传·襄公二十九年》中有“吴公子札来聘……曰：‘美哉！泱泱乎！大风也哉！表东海者，其大公乎！国未可量也’”。《孟子·离娄上》有“太公避纣，居东海之滨”。《越绝书·越绝外传·记地传第十》有“句（勾）践徙治山北，引属东海，内、外越别封削焉。句（勾）践伐吴，霸关东，徙琅琊，起观台，台周七里，以望东海”。《荀子·正论》说：“浅不足与测深，愚不足与谋知，坎井之蛙不可与语东海之乐。”《史记·秦始皇本纪》中有“六合之内，皇帝之土。西涉流沙，南尽北户。东有东海，北过大夏”的记载。西汉时辑录的《礼记·王制》篇中也有“自东河至东海，千里而遥”的记载。唐时徐坚等人在《初学记》中说：“东海之别有渤澥，故东海共称渤海……”上述所说的东海，均为现今的黄海。正因如此，秦、汉均在今苏北和山东南部沿海地区设东海郡。直至宋朝前期仍将该海域称为东海。到了宋真宗“天禧三年六月，乙未夜，滑洲河溢……漫溢州城，历澶、濮、曹、郓，注梁山泊，又合清水、古代汴梁，东入于淮。州邑罹患者三十二”。这次黄河夺淮入海，前后达 8 年之久，直至宋天圣五年（1027 年）才河归故道，完全北入渤海。在黄河夺淮入海期间，大量泥沙输入苏北海域，再加上长江、淮河等河流入海泥沙，使该海域沙多水浅、海水浑黄，故到北宋时称该海域为黄水洋。黄水洋之名最早出现在宋朝徐兢的《宣和奉使高丽图经》中，他在该书中说：（五月）二十九日，是夜“复作南风”，乃“入白水洋。次日过黄水洋，继而离岸东驶，横渡黑水洋”。徐兢还对黄水洋之名做了解释，他说：“黄水洋，即沙尾也。其水浑浊且浅，舟人云：‘其沙自西南来，横于洋中千余里，即黄河入海之处’。”黄河在 1128—1855 年长达 727 年间，再次夺淮在苏北入海，黄河入海的大量泥沙倾泻苏北海域，使苏北近海海水浑黄，浅滩丛生。清代，以长江口为界，将我国东部海域分别称为南洋和北洋。清末，黄海之名得以确定。而其精确位置最早出现在英国人金约翰所辑的《海道图说》中，该书说：“扬子江口与山东角间大湾为黄海西界，朝鲜为黄海东界”，“自扬子江口至朝鲜南角成直线为黄海与东海之界”。英国海图官局1894年在《中国海指南》（China Sea Directory）中将黄海记为Hwanghai，系黄海原名之音译，所记名称含义与黄水洋一致：因旧黄河流入，水色黄浊得名。

在先秦时期，也有人将黄海称为南海，如《左传·僖公四年》中有“四年春，齐侯以诸侯之师侵蔡。蔡溃，遂伐楚。楚子使与师言曰：‘君处北海，寡人处南海，唯是风马牛不相及也’”，此中的南海即是黄海。

黄海总面积38万平方千米，平均水深44米，最大水深140米，位于济州岛北侧。黄海分为北黄海和南黄海。北黄海面积7.1万平方千米，平均水深38米，最大水深80米；南黄海面积约30.9平方千米，平均水深46米，最大水深140米。注入黄海的主要河流有鸭绿江、大同江、汉江、淮河等，属黄海的海湾有胶州湾、大连湾等。北黄海分布有我国最北端的群岛——长山群岛。

黄海海洋游泳动物中鱼类占主要地位，共约300种。主要经济鱼类有小黄鱼、带鱼、鲐鱼、鲅鱼、黄姑鱼、鳓鱼、太平洋鲱鱼、鲳鱼、鳕鱼等；最主要的浮游生物资源是中国毛虾、太平洋磷虾和海蜇等；底栖动物资源十分丰富，可供食用的种类中，最重要的是软体动物和甲壳类。经济贝类资源主要有牡蛎、贻贝、蚶、蛤、扇贝和鲍等；棘皮动物刺参的产量也较大；底栖植物资源主要是海带、紫菜和石花菜等。烟威、石岛、海州湾、连青石、吕四和大沙等是良好的渔场。南黄海盆地有巨厚的中、新生代沉积，具有很好的油气资源远景。其他矿产资源主要有滨海砂矿，现已进行开采。山东半岛近岸区还发现有丰富的金刚石矿床。黄海沿岸港口密度大，2012年，大连港、烟台港、青岛港、日照港货物吞吐量均超过了2亿吨，都进入了全球货物吞吐量前二十大港口名单。黄海旅游资源丰富，大连老虎滩海洋公园—老虎滩极地馆、大连金石滩景区、威海刘公岛景区和青岛崂山景区是5A级景区。江苏浅海正在开发风能。近年来，辽宁沿海经济带、山东半岛蓝色经济区和江苏沿海经济带等发展战略相继获得国家批复实施，环黄海海洋经济发展迅速。黄海近岸的污染、湿地退化、渔业资源下降等问题日益突出，自2008年以来，每年在南黄海均发生绿潮（浒苔）灾害。

第二章 海 湾

渤海湾 (Bóhǎi Wān)

北纬 38°35.6′，东经 118°12.6′。位于渤海西部，渤海三大海湾之一。北起河北省乐亭县大清河口，南到山东省 1976 年前的老黄河口连线以西海域，三面环陆，与河北、天津、山东的陆岸相邻，跨唐山市、天津市、沧州市、滨州市和东营市。因其靠近清代直隶省，故民国 17 年（1928 年）之前该湾称为“直隶海湾”，随着直隶省在民国 17 年改称河北省后，1929 年将“直隶海湾”改称“渤海湾”。面积 1.17 万平方千米，岸线长 618 千米，最大水深 39 米。有蓟运河、海河、子牙新河等河流流入。湾内有丰富的石油资源；有唐山港、天津港、黄骅港等重要港口。

莱州湾 (Láizhōu Wān)

北纬 37°25.6′，东经 119°29.6′。位于山东半岛西北部。明朝时，曾名莱州大洋，《明史·河梁四》有“自屺岈西历三山岛、芙蓉岛，莱州大洋”的记载。莱州湾因旧时邻莱州府而得名。夏商西周时期东南沿岸属莱夷之地，春秋为莱子国地。隋开皇五年（公元 585 年），设莱州，莱州之名沿用至今。据《中国海湾志》第三分册载：湾口宽 96 千米，岸线长 319.06 千米，海湾面积 6 966 平方千米。据 908 专项调查结果，湾口宽 83.29 千米，岸线长 516.78 千米，海湾面积约 6 215.4 平方千米，最大水深 17.6 米。为不正规半日潮海湾，平均潮差在 0.92 米（龙口）至 1.65 米（西大拐）之间。实测流速除现行黄河口超过 1 米 / 秒外都不大。沉积物以粉砂为主。莱州湾是一个年轻的海湾，在 1855 年黄河北迁夺大清河入海之前，渤海湾和莱州湾之间突出于渤海的三角洲平原并不存在，均未形成典型的海湾。从 1855 年到 1934 年黄河三角洲的顶点由宁海下移至渔洼，即突出海的三角洲扇面已逐渐形成，渤海湾和莱州湾便有了雏形，是我国最年轻的海湾。莱州湾内有龙口港、潍坊港和黄河海港等港口。是渤海重要渔场之一，也是我国的重要产盐区。

太平湾（Tàipíng Wān）

北纬 37°16.1′，东经 119°51.2′。位于烟台市莱州市，莱州湾东南部。南起虎头崖港，北至刁龙嘴。湾口宽 21.65 千米，岸线长约 57.2 千米，海湾面积约 120.8 平方千米，最大水深 4.6 米。自南向北依次有朱流河、丁家河、南阳河、淇水河、苏郭河和龙王河六条小河注入。湾沿岸有虎头崖、海庙新港和青鳞铺三处小港湾，其中虎头崖港水深 3～4 米，底质沙泥，海庙新港属新建商港，青鳞铺港为小型自然避风港。

刁龙嘴港湾（Diāolóngzuǐ Gǎngwān）

北纬 37°22.3′，东经 119°52.5′。位于烟台市莱州市。因邻近刁龙嘴而得名。湾口宽 334 米，岸线长 15.92 千米，海湾面积约 6.1 平方千米。

三山岛港湾（Sānshāndǎo Gǎngwān）

北纬 37°25.3′，东经 119°59.1′。位于烟台市莱州市。湾口宽 5.48 千米，岸线长 7.2 千米，海湾面积约 5.7 平方千米，最大水深 4.8 米。湾内建有莱州港。

石虎嘴港湾（Shíhǔzuǐ Gǎngwān）

北纬 37°26.6′，东经 120°03.6′。位于烟台市莱州市。因邻近石虎嘴而得名。湾口宽 7.32 千米，岸线长 8.3 千米，海湾面积约 6.3 平方千米，最大水深 4.1 米。

平畅河海湾（Píngchànghé Hǎiwān）

北纬 37°43.0′，东经 121°02.2′。位于烟台市福山区，曾名周利旺海湾。湾口宽 6.36 千米，岸线长 12.8 千米，海湾面积约 9.2 平方千米，最大水深 10 米。

套子湾（Tàozi Wān）

北纬 37°37.5′，东经 121°13.9′。位于烟台市。因处芝罘湾西侧，又称芝罘西湾。据《中国海湾志》第三分册载：湾口宽 19 千米，岸线长 44.24 千米，海湾面积 184 平方千米。据 908 专项调查结果，湾口宽 18.75 千米，岸线长 55.01 千米，海湾面积约 182.9 平方千米，最大水深 20 米。为正规半日潮海湾，平均潮差 1.48 米，最大潮差 2.59 米，实测最大涨潮流速 0.76 米 / 秒，实测最大落潮流速 0.56 米 / 秒。沉积物以砂类为主。南岸和西岸为烟台经济技术开发区，海湾西侧有烟台港西港区。

芝罘湾 (Zhīfú Wān)

北纬 37°34.1′，东经 121°24.4′。位于烟台市芝罘区北部。湾口以崆峒岛为界分为北口和东口。据《中国海湾志》第三分册载：湾口宽 5.6 千米，岸线长 21.14 千米，海湾面积 34.6 平方千米。据 908 专项调查结果，湾口宽 6.72 千米，岸线长 29.21 千米，海湾面积约 28 平方千米，最大水深 14.6 米。湾呈耳朵状，系半封闭型海湾。湾底平坦，多泥质粉砂和细砂。芝罘湾为正规半日潮海湾，平均潮差 1.64 米，最大潮差 2.88 米。北口南流，南口东流，平均流速小于 0.4 千米 / 时。湾口有崆峒岛、担子岛等岛礁。近海产鲅鱼、鲐鱼、鳓鱼、黄姑鱼、鲳鱼和对虾等，并养殖海带、贻贝、扇贝、刺参、紫石房蛤、石花菜等。南岸为烟台港内港区，北岸设有交通部烟台救捞局、交通部天津航道基地码头，西南岸为小船码头。

四十里湾 (Sìshílǐ Wān)

北纬 37°28.6′，东经 121°32.1′。位于烟台市莱山区和牟平区。湾口宽 17.38 千米，岸线长 42.9 千米，海湾面积约 93.1 平方千米，最大水深 15.4 米。

葡萄滩 (Pútaotān)

北纬 37°33.2′，东经 122°05.6′。位于威海市城区北部，孙家疃镇境内。湾口介于靖子头与远遥嘴两岬角之间，向北敞开。相传，本名埠头滩，因“埠头”与“葡萄”谐音相近，演变为葡萄滩。又传民国初年，岸边种植有葡萄园，得名葡萄滩。湾口宽 3.45 千米，岸线长 8.44 千米，海湾面积约 5.9 平方千米，最大水深 30 米。海湾近似半圆形。底质大部分为硬泥，东侧为泥沙，西侧为软泥，南部多沙质。湾口偏西有褚岛，湾内建有渔港一座。环海路经此。

威海湾 (Wēihǎi Wān)

北纬 37°28.6′，东经 122°10.6′。位于山东半岛东北部，威海市环翠区。湾北起北山嘴，南至赵北嘴。因傍古威海卫，故以威海名之。海湾西岸为老威海市区所在地。威海，西汉称石藩村，元称清泉夼。明洪武三十一年（1398 年），为防倭寇，设威海卫，寓“扬国威于海上”之意。清代为北洋海军基地。1895年，中日甲午战争后被日军占领；1898年，英军占领海湾后，强租威海卫；1938年，日军再次占领，直到1945年抗战结束。历史上，威海湾包括大小海口20余处，其名称记载于清康熙《威海卫志》，较为有名的有杨家滩海口、长峰海口、辽东沪口、三官营口兀口、庙前口和羊角沪口等。

据《中国海湾志》第三分册载：湾口宽6.8千米，岸线长29千米，海湾面积59.5平方千米。据908专项调查结果，湾口宽9.68千米，岸线长32.95千米，海湾面积约52.2平方千米，最大水深35米。为不正规半日潮海湾，平均潮差1.35米，最大潮差2.57米。湾南口实测最大涨潮流速0.56米/秒，实测最大落潮流速0.59米/秒。底质多为泥沙。沿岸有徐家河、长峰河、望岛河、城南河等注入。近似半圆形，向东北敞开，刘公岛横列中央，将海湾分为南、北二口。北口在北山嘴与刘公岛之间，口宽2千米，为主航道；南口在刘公岛与赵北嘴之间，口宽5千米。除刘公岛外，湾内还有日岛等岛礁。岸线曲折，岬湾交错，岬角地带水深坡陡，岸外多有礁脉延伸。湾内有紫石房蛤、刺参、牡蛎、栉孔扇贝、海带、贻贝和石花菜等。海湾南部为海产品养殖区。

威海湾位置隐蔽，形势险要，自明代始，历为海防要塞。清光绪年间，为北洋海军主要锚泊口岸，修建海防设施多处，沿岸有中日甲午战争古战场遗址和建筑多处，现被列为山东省重点文物保护单位。湾口建有货运、客运、旅游和渔码头10余座，威海港是国家一类开放港口。

杨家湾（Yángjiā Wān）

北纬37°26.5′，东经122°10.5′。为威海湾的一部分，位于威海东南部，皇冠街道办事处境内。湾口介于长峰嘴与龙庙嘴两岬角之间，向北敞开，呈半圆形。以邻近杨家滩村得名，旧称杨家滩海口。湾口宽4.42千米，岸线长16.6千米，海湾面积约7.9平方千米，最大水深10.3米。底质为泥。现是经济技术开发区所在地。滨海大道、海埠路经此。

朝阳港（Cháoyáng Gǎng）

北纬37°23.6′，东经122°29.3′。位于山东半岛东北岸，为威海市荣成市成山镇和港西镇所辖。海湾北向开口。古属文登县朝阳郡，故而得名。据《中国海湾志》第三分册载：湾口宽 150 米，岸线长 19.6 千米，海湾面积 10.8 平方千米。据 908 专项调查结果，湾口宽 330 米，岸线长 26.86 千米，海湾面积约 13.31 平方千米，最大水深 2.5 米。为一对生沙嘴环抱的潟湖海湾。潮汐通道自口门向湾内交叉伸展，口门附近通道水深 1.5～2 米。潟湖内的沉积物多为泥质沙，近岸泥质增加。海湾周边地带为海滨沼泽，生长芦苇等水草。潟湖中部为宽广平缓的潮滩。有 3 条天然河流注入湾内，滩涂条件较好，适宜发展海产养殖业。海湾东侧植有大片松树，跨海桥梁横跨湾口。

荣成湾（Róngchéng Wān）

北纬 37°21.8′，东经 122°37.8′。位于威海市荣成市东北部。因靠近老荣成县城得名。湾口宽 8.61 千米，岸线长 31.41 千米，海湾面积约 35.78 平方千米，最大水深 16.4 米。湾内岸边大部分为沙滩，湾口向东南敞开，呈半椭圆形。海底平坦，多为泥及细沙。湾东部有龙须湾，湾西南有马山港。有 5 条河流注入。湾内盛产鱼类和海参。东北部为避西北强风之良好锚地。中日甲午战争时，日本侵略军曾在此登陆。龙须岛渔港为我国重要渔港之一。

养鱼池湾（Yǎngyúchí Wān）

北纬 37°19.1′，东经 122°33.6′。位于山东半岛东端的北段，为威海市荣成市成山镇和俚岛镇所辖。据《中国海湾志》第三分册载：湾口宽 0.95 千米，岸线长 15.22 千米，海湾面积 5.0 平方千米。据 908 专项调查结果，湾口宽 1.38 千米，岸线长 14.43 千米，海湾面积约 5.1 平方千米，最大水深 8.2 米。湾顶潮滩发育，为发展海水养殖的良好场所。

爱连湾（Àilián Wān）

北纬 37°10.6′，东经 122°34.4′。位于威海市荣成市东部。原名爱伦湾。据《中国海湾志》第三分册载：湾口宽 2.88 千米，岸线长 8.0 千米，海湾面积 5.6 平方千米。据 908 专项调查结果，湾口宽 2.73 千米，岸线长约 8.25 千米，海湾面积约 5.76 平方千米，最大水深 11.4 米。口向东南敞开，中部有我岛角伸入海中，将湾分成两小湾。东湾底质主要为泥与泥沙；西湾多为泥底。马他角、我岛角周围多礁石。是重要的水产养殖区，湾内盛产鱼类及海参等。

桑沟湾 (Sānggōu Wān)

北纬 37°06.5′，东经 122°31.5′。位于威海市荣成市东南部。因桑沟河由此入海得名。据《中国海湾志》第三分册载：湾口宽 11.5 千米，岸线长 74.4 千米，海湾面积 163.2 平方千米。据 908 专项调查结果，湾口宽 11.63 千米，岸线长 90.4 千米，面积约 152.6 平方千米，最大水深 14.8 米。为不正规半日潮海湾，平均潮差 1.50 米，最大潮差 1.99 米。湾口实测最大涨潮流速 0.98 米 / 秒，最大落潮流速 0.78 米 / 秒。湾内流速不大，底质为泥沙。除两端为混合岸外，多系沙质岸。湾内有五岛、鹁鸽岛等小岛。是威海市著名的水产养殖区。湾内建有小型商港一处。

斜口流 (Xiékǒuliú)

北纬 37°07.3′，东经 122°27.3′。位于威海市荣成市，为桑沟湾内一小湾。湾口宽 311 米，岸线长 19.6 千米，海湾面积约 5.5 平方千米。

八河港 (Bāhé Gǎng)

北纬 37°02.8′，东经 122°26.9′。位于威海市荣成市桑沟湾西南隅，为桑沟湾的一部分。湾口被鹁鸽岛分为南北两个湾口。湾口宽 3.15 千米，岸线长 19.8 千米，海湾面积约 13.5 平方千米，最大水深 2.8 米。从湾口至八河嘴，水深由 5 米逐渐减至 2 米，泥沙底，流速不大。1976—1978 年，自烟墩角至南岸八河村北筑 2.3 千米长的拦海大堤，建八河水库。

石岛湾 (Shídǎo Wān)

北纬 36°54.6′，东经 122°27.6′。位于威海市荣成市东南沿海，镆铘岛乡与石岛镇之间。据《中国海湾志》第三分册载：湾口宽 5.1 千米，岸线长 25.3 千米，面积 35.28 平方千米。据 908 专项调查结果，湾口宽 6.84 千米，岸线长 24.08 千米，海湾面积约 22.1 平方千米，最大水深 8.4 米。有 6 条季节性小河流流入石岛湾。沿岸为基岩海岸，岩岸和砂岸相间分布，海底地形向东南倾斜。为不正规半日潮海湾，平均潮差 1.70 米，最大潮差 2.50 米。湾口实测最大涨潮流速 0.72 米 / 秒，实测最大落潮流速 0.79 米 / 秒。海底在近岸为礁石和沙，湾内主要为泥质粉砂和粗粉砂。以水产养殖为主。石岛港区是威海港的重要组成部分。石岛渔港是全国著名的中心渔港。

靖海湾 (Jìnghǎi Wān)

北纬 36°53.6′，东经 122°06.6′。位于威海市，苏山岛西北 11.5 千米，为荣成市靖海角与文登区牛心岛连线以北海域，呈三角形。据《中国海湾志》第四分册载：湾口宽 12.78 千米，岸线长 89.4 千米，海湾面积 139.43 平方千米。据 908 专项调查结果，湾口宽 13.37 千米，岸线长 159.63 千米，海湾面积约 155.8 平方千米，最大水深 7.5 米。岸线曲折，岸势甚低，并有数个浅水咸湖。湾内东北部为大片浅水地，距岸 6.5 千米内水深不及 2 米。为不正规半日潮海湾，平均潮差 2.53 米，最大潮差 3.94 米。湾内实测最大涨潮流速 1.26 米 / 秒，落潮流速 1.01 米 / 秒。海底沉积物为泥沙质。湾口东侧靖海角为一险崖角，有礁脉向南延伸至凤凰尾，其上设有灯桩。湾口西侧二岛、牛心岛通过礁盘、沙嘴与大陆相接，岛上有灯塔。湾东侧有涨濛港，靖海沙窝建有渔业码头。北侧千步港、长会口为主航道，系文登区与荣成市之分界线。

涨濛港 (Zhǎngméng Gǎng)

北纬 36°53.8′，东经 122°10.2′。位于威海市荣成市区西南 33 千米，为靖海湾的一部分。湾口介于大庙嘴与西北海村北之间，向西敞开。湾口宽 1.85 千米，岸线长 41.7 千米，海湾面积约 16.1 平方千米。底质多泥沙，间有淤泥。港湾较狭长。潮汐属不正规半日潮。湾东岸中部有一突嘴，将港湾分成两道港汊，沿岸均为泥沙质岸。有 4 条小河流注入湾内。滩涂面积较大，适宜发展滩涂养殖及盐业生产。南岸有涨濛盐场，东岸有刘家盐场，东北岸有黄山盐场。

五垒岛湾 (Wǔlěidǎo Wān)

北纬 36°58.6′，东经 121°59.2′。位于山东半岛东部南岸、威海市文登区南部。湾之东南有五座小岛，海上遥望，形同堡垒，故名。湾口宽 6.81 千米，岸线长 68.82 千米，海湾面积约 109.3 平方千米。湾内的五垒岛海口，旧时为渔港，春夏之交，渔船云集，今仍有小型渔船停泊装卸，但已趋衰落。湾北首之姚山头海口，民国年间还能停泊渔船，今亦淤塞废弃。现湾内正在围填海，建设文登南海新区。

洋村口湾（Yángcūnkǒu Wān）

北纬 36°54.9′，东经 121°49.0′。位于威海市乳山市徐家镇洋村河入海口。湾口宽 131 米，岸线长 18.3 千米，海湾面积约 5.4 平方千米。港湾呈东北—西南走向，泥沙底质，高潮时河口可通航小型渔船。

白沙口潟湖（Báishākǒu Xìhú）

北纬 36°49.7′，东经 121°38.5′。位于威海市乳山市南部，海阳所镇东侧。因口门沙嘴之石英砂质纯，色白，故名白沙口。据《中国海湾志》第四分册载：湾口宽 100 米，岸线长 13.29 千米，海湾面积 4.45 平方千米。据 908 专项调查结果，湾口宽 186 米，岸线长 18.44 千米，海湾面积约 6.17 平方千米，最大水深 5 米。1970 年湾口建有全国著名潮汐发电站——白沙口潮汐发电站。潟湖内除潮汐水道水深 1～2 米外，95% 为潮滩，并有白沙滩河流入。

白沙湾（Báishā Wān）

北纬 36°47.8′，东经 121°39.5′。位于威海市乳山市海阳所镇东侧，古龙嘴与烟墩角之间。因位于白沙口南，故名。湾口宽 11.64 千米，岸线长 51.6 千米，海湾面积约 51 平方千米，最大水深 8.8 米。湾口向南，湾内有宫家岛和腰岛。底质为泥沙，水深 3～5 米。湾北部白沙口处，1970 年建有全国著名潮汐发电站——白沙口潮汐发电站，为乳山市主要旅游点之一。

险岛湾（Xiǎndǎo Wān）

北纬 36°45.6′，东经 121°34.6′。位于威海市乳山市。海湾为东起炮台角，西至险岛（今名杜家岛）东南岬角连线以北海域。因邻近险岛，故名。据《中国海湾志》第四分册载：湾口宽 3.2 千米，岸线长 19.27 千米，海湾面积 17.76 平方千米。据 908 专项调查结果，湾口宽 1.92 千米，大陆岸线长 7.15 千米，海湾面积约 4.14 平方千米，最大水深 5.8 米。底质以泥沙为主，湾内以养殖为主。

琵琶口（Pípá Kǒu）

北纬 36°44.3′，东经 121°23.9′。位于烟台市海阳市。湾口宽 5.28 千米，岸线长 12.5 千米，海湾面积约 14.9 平方千米，最大水深 3 米。

羊角畔 (Yángjiǎopàn)

北纬 36°41.0′，东经 121°09.3′。位于烟台市海阳市凤城街道和大阎家镇。海湾形状如羊角，故名。湾口宽 210 米，岸线长 22.32 千米，海湾面积约 8.5 平方千米。有纪疃河等多条小河流入海口。

马河港 (Mǎhé Gǎng)

北纬 36°38.3′，东经 121°02.7′。位于烟台海阳市。湾口宽 1.67 千米，岸线长 51.59 千米，海湾面积约 24.7 平方千米。

丁字湾 (Dīngzì Wān)

北纬 36°36.0′，东经 120°52.7′。位于山东半岛南部沿海，为烟台市海阳市、莱阳市和青岛市即墨区所辖。湾口向东，介于即墨区的栲栳头与海阳市的丁字嘴之间。因湾呈“丁”字状而得名，亦称丁字港、金口湾。据《中国海湾志》第四分册载：湾口宽约 6 千米，岸线长 94.12 千米，海湾面积 143.75 平方千米。据 908 专项调查结果，湾口宽 5.59 千米，岸线长 134.69 千米，海湾面积约 176.6 平方千米，最大水深 21.5 米。为正规半日潮海湾，平均潮差 2.58 米，最大潮差 4.57 米。湾口附近实测最大涨潮流速 0.87 米 / 秒，实测最大落潮流速 0.61 米 / 秒，湾底沉积物为泥沙质。湾口向东偏南，与黄海相连。湾内有香岛、白马岛、麻姑岛、鲁岛等。由于自然堆积和人工建造堤坝，诸岛仅有一海岛不与陆地相连。沿岸有五龙河、店集河、莲阴河、白沙河及多条季节性小河流注入湾内，携带泥沙较多，海湾淤积较重。

栲栳湾 (Kǎolǎo Wān)

北纬 36°30.2′，东经 120°57.8′。位于青岛市即墨区东北、王村半岛东部。湾口宽 7.57 千米，岸线长 19.8 千米，海湾面积约 16.2 平方千米，最大水深 4.7 米。北部为沙岸，南部为岩岸和砂砾岸。

横门湾 (Héngmén Wān)

北纬 36°26.5′，东经 120°55.1′。位于青岛即墨区田横镇东部，赭岛及车岛以西，田横岛及驴岛以北，北有泊子滩。因田横岛位于湾南，俨若门户，故称横门湾；又因泊子滩由此湾提水晒盐，亦称盐水湾。湾口宽 3.1 千米，岸线长 15.03 千米，海湾面积约 12.8 平方千米，最大水深 12 米。湾顶部为泥沙质岸，湾口两侧为基岩质岸，泥沙底。湾内水深：西部 1～2 米，中部 2～4 米，东部 5～7 米，东南部最深 5～10 米。湾内多沙质浅滩，口外有诸岛屏障，可避 6～7 级偏南风和偏西风，湾内产梭鱼、寨鱼、黄鱼、鲈鱼、墨鱼、星鳗、青鲋和蟹子等。湾口的田横岛辟为旅游区。

崂山湾（Láoshān Wān）

北纬 36°16.7′，东经 120°45.4′。位于青岛市东部。因处崂山山脉东麓，故名。湾口宽 30.39 千米，岸线长 132.7 千米，海湾面积约 434 平方千米，最大水深 13.2 米。受新华夏系（北、北东向）、华夏系（北东向）及北西向断裂控制形成。岸线曲折多岬角，形成港湾有女岛湾、鳌山湾（北湾）、小岛湾、王哥庄湾、仰口湾、青山湾、试金石湾等。港湾大部分为泥沙岸和沙滩，沿岸各村在附近都建有停泊渔船的小港口；其余属基岩海岸。湾内的鳌山头、崂山头岸壁直立，近岸水深流急。湾内有女岛、小管岛、兔子岛、狮子岛、女儿岛和乌石栏（曾用名北礁）、鸦鹊石、基准岩等海岛。年平均水温 13.5℃；盐度 26～28，雨季可降至 25；潮汐属正规半日潮，平均潮差 0.6 米，潮流系往复流，流速约为 0.25 米／秒。夏季常有强烈的东北、东南风，但持续时间均不超过 12 个小时；冬季主要为东北、西北风，近岸多西北风，港口多东北风，持续时间均较短；湾北部，有随强风而起的险恶波浪。湾内盛产鲐鱼、鲅鱼、鳓鱼、对虾、鲍鱼、海参、海蜇和海带等。1914 年 9 月 18 日，40 艘侵华日军战舰在此登陆占领青岛。

鳌山湾（Áoshān Wān）

北纬 36°24.7′，东经 120°47.1′。位于青岛市即墨区东部，面向东南，为东北起女岛、西南至鳌山半岛的鳌山头连线以北海域。因傍鳌山卫而得名。又名北湾、女岛湾。据《中国海湾志》第四分册载：湾口宽 11.0 千米，岸线长 64.59 千米，海湾面积 164.02 平方千米。据 908 专项调查结果，湾口宽 11.92 千米，岸线长 69.16 千米，海湾面积约 179 平方千米，最大水深 13.2 米。为正规半日潮海湾，平均潮差 2.41 米，最大潮差 4.21 米。湾内实测最大涨潮流速 0.41

米 / 秒，实测最大落潮流速 0.31 米 / 秒。海底地势平缓地向东南（湾口）倾斜，底质为泥沙，近岸多为砂质，少部分为岩礁。北湾沿岸有大任河、温泉河、新生河、皋虞河、大桥河和王村河等季节性小河流，径流量很小。湾内有商、渔两用港一处。海湾西侧由于修建了滨海公路而得到大面积开发。

小岛湾 (Xiǎodǎo Wān)

北纬 36°18.6′，东经 120°40.5′。位于青岛市即墨区与崂山区交界处，系崂山湾的一部分。湾口向东南，口门北起柴岛，南至峰山角。因该湾口东南方 5.3 千米处有岛名“小管岛”，故名。据《中国海湾志》第四分册载：湾口宽约 7.1 千米，岸线长 30.36 千米，海湾面积 35.98 平方千米。据 908 专项调查结果，湾口宽 7.13 千米，岸线长 31.77 千米，海湾面积约 37 平方千米，最大水深 7.6 米。为正规半日潮海湾，平均潮差 2.41 米，最大潮差 4.21 米；实测最大涨潮流速 0.41 米 / 秒，实测最大落潮流速 0.38 米 / 秒。海湾水浅滩宽，多为泥沙底质，近湾两岸狭窄的潮间带为岩礁间砂砾。湾口有小管岛、兔子岛等岛屿。湾周多丘陵环绕，其中比较闻名的是鹤山（海拔 223 米）。注入小岛湾的河流有晓望河、王哥庄河、石人河、土寨河等，均为源近的时令小河。

王哥庄湾 (Wánggēzhuāng Wān)

北纬 36°17.0′，东经 120°39.4′。位于青岛市崂山区小岛湾南部，是小岛湾的一部分。北起小蓬莱嘴，南至峰山角（野鸡山外岭东头大台子西北）。因位于王哥庄街道东，故名。湾口宽 2.51 千米，岸线长 10.8 千米，海湾面积约 6.5 平方千米。底质为沙。

沙子口湾 (Shāzikǒu Wān)

北纬 36°06.5′，东经 120°32.8′。位于青岛市崂山区。崂山的南九水河流经汉河入海，因落差大，水流急，在海口处冲积而成一片细软的沙滩，此处遂称沙子口。清代以前曾称董家湾。湾口宽 3.01 千米，岸线长 13.37 千米，海湾面积约 6.1 平方千米，最大水深 2 米。20 世纪 90 年代，南窑半岛与栲栳岛之间建一大坝，坝内变内陆，南窑村前有一小湾。沙子口湾分布有海水养殖区，建有渔港一处。

胶州湾（Jiāozhōu Wān）

北纬 36°09.4′，东经 120°13.8′。位于黄海中部西北岸，隶属于青岛市。湾口向东，南起海西半岛北端脚子石嘴，北至青岛港南岸的团岛嘴，岸线曲折。因古属胶州，故名。曾称幼海、少海、南海，《明史》称麻湾，清代称胶澳。

据《中国海湾志》第四分册载：湾口宽约 3.1 千米，岸线长 187 千米，海湾面积 397 平方千米。据 908 专项调查结果，湾口宽 3.23 千米，岸线长 206.46 千米，海湾面积约 509 平方千米，平均水深 6.8 米，湾口及湾中部水深达 30 米，是进出胶州湾的天然深水航道。为正规半日潮海湾，平均潮差 2.8 米，最大潮差 4.75 米。湾口流速最大，实测最大涨潮流速 2.76 米 / 秒，实测最大落潮流速 2.38 米 / 秒。湾底沉积物类型多样，以泥沙为主。有洋河、南胶莱河、大沽河、桃源河、石桥河、墨水河、白沙河、李村河等 8 条河流注入。

开发历史悠久。在大汶口文化时期，胶州湾沿海先民就开始了渔猎生活。秦扫六合之后，秦始皇派方士徐市率队出海求仙，其出发点一种说法就在胶州湾西南侧的徐山。胶州大规模航海业则“肇于唐而兴于宋”，唐代时密州等地就有新罗人。随着宋时板桥镇的繁荣，塔埠头已成重要码头，鉴于此，宋元祐三年（1088 年）在板桥镇设市舶司，为当时全国五大市舶司之一，也是长江以北唯一市舶司。金皇统二年（1142 年）在板桥镇设榷场进行宋金之间的贸易。到元至元十八年（1281 年）开始修建胶莱运河，至元二十二年（1285）年工程全部告竣，从此运粮船舶不再绕山东半岛进入莱州湾而直接通过胶莱运河进入莱州湾。由于运河管理不善，淤积严重，于至元二十七年（1290）年运河停运。到明朝时，1540 年派员开马家濠，治理胶莱运河，使船只从唐岛湾直入胶州湾，走胶莱运河，入莱州湾。胶莱运河又兴旺了 10 年左右，因河道淤塞而停运，直至今日。清朝时虽有海禁政策，但胶州湾贸易一直较发达，并于 1865 年在塔埠头、青岛口设立分海关，进行贸易管理。1891 年清政府在青岛布兵设镇管理胶州湾。1897 年 11 月德军强行占领胶州湾，1898 年 3 月 6 日德国胁迫清政府签订《胶澳租界条约》，同年 9 月宣布青岛为自由港。1901 年建成青岛小港，1904 年至 1908 年先后建成青岛大港 1 号、2 号、4 号和 5 号码头。从此，青岛港便取代了塔埠头、女姑口的地位。1914 年日本借第一次世界大战之机，进入青岛占领胶州湾。1922 年收回青岛，1937 年日军再度占领青岛和胶州湾，直至 1945 年抗战胜利。1945 年 4 月美军在青岛登陆，占领大港。1949 年 6 月青岛和胶州湾回到人民怀抱。胶州湾的开发建设进入了新的时期。目前，湾内建有青岛港的大港港区、黄岛港区和前湾港区，并有北海重工等海洋制造业。胶州湾跨海大桥和海底隧道的建成，对青岛市经济发展起到了重要作用。受海湾开发的影响，胶州湾纳潮水域面积不断缩小：1863 年，578.5 平方千米；1958 年，535 平方千米；1975 年，427 平方千米；2000 年，375 平方千米；2008 年，363 平方千米。

黄岛前湾 (Huángdǎo Qiánwān)

北纬 36°00.7′，东经 120°13.0′。位于青岛市黄岛区，为胶州湾内次级海湾。湾口宽 2.67 千米，岸线长 32.7 千米，海湾面积约 19.4 平方千米。湾内建有青岛港前湾港区。

海西湾 (Hǎixī Wān)

北纬 36°00.1′，东经 120°15.8′。位于青岛市黄岛区，为胶州湾内次级海湾。由薛家岛湾和小岔湾两个海湾组成。呈带岔口袋形，湾口朝西北。湾口宽 3.32 千米，岸线长 21.21 千米，海湾面积约 11.32 平方千米，最大水深 12 米。湾内建有北海船舶等海洋制造业。

薛家岛湾 (Xuējiādǎo Wān)

北纬 35°59.2′，东经 120°14.8′。位于青岛市黄岛区，为胶州湾内次级海湾。湾口宽 1.1 千米，岸线长 13.5 千米，海湾面积约 5.9 平方千米。湾内建有轮渡码头等。

唐岛湾 (Tángdǎo Wān)

北纬 35°55.5′，东经 120°10.6′。位于青岛市黄岛区，东部和北部为青岛市黄岛区薛家岛街道，西邻灵山卫镇，东起鱼鸣嘴，西至灵山卫镇炮台嘴连线以北海域，湾口向西南开，呈狭长口袋状。因湾内有一海岛，岛上有饮马池，传说唐太宗征高丽曾驻师于此，故名唐岛，海湾也因唐岛而名之。据《中国海湾志》第四分册载：湾口宽约 2.5 千米，岸线长 23.9 千米，海湾面积 17 平方千米。据

908 专项调查结果，湾口宽 2.28 千米，岸线长 19.98 千米，海湾面积约 12.4 平方千米，最大水深 7.1 米。为正规半日潮海湾，平均潮差 2.56 米，最大潮差 4.37 米。实测最大涨潮流速 0.77 米 / 秒，实测最大落潮流速 0.51 米 / 秒。沉积物为泥沙质。湾内有小型商港一处，渔港一处。

灵山湾 (Língshān Wān)

北纬 35°51.1′，东经 120°05.5′。位于青岛市黄岛区东部海域。湾口介于鱼鸣嘴与大珠山嘴之间。因湾口有灵山岛，故名。元代曾称“灵山洋”。湾口宽 23.4 千米，岸线长 93.6 千米，海湾面积约 123.7 平方千米，最大水深 15.2 米。湾口向东南敞开，两端为基岩，其余多为沙质，间有基岩部位，泥底。湾口东南方有灵山岛为屏障，其间隔有灵山水道。可避北风、西风及西南风，鱼鸣嘴南有高 3 米的老灵石，其上建有灯桩，湾北部（鱼鸣嘴与朝阳山嘴间）水深 4～10 米。湾内北侧为唐岛湾。湾内多砂质海岸，砂细坡缓，可辟为浴场和旅游地。

古镇口湾 (Gǔzhènkǒu Wān)

北纬 35°44.8′，东经 119°56.1′。位于青岛市黄岛区张家楼镇滨海街道南，大珠山镇南侧为近似圆形的小海湾。湾北岸，明清时曾设巡检司，有古镇口炮台，因而得名。又名崔家潞。据《中国海湾志》第四分册载：湾口宽 2.3 千米，岸线长 14.03 千米，面积 21.21 平方千米。据 908 专项调查结果，湾口宽 2.58 千米，岸线长 20.52 千米，海湾面积约 19.6 平方千米，最大水深 4 米。为正规半日潮海湾，平均潮差 2.64 米，最大潮差 4.4 米。湾口实测最大涨潮流速 0.45 米 / 秒，实测最大落潮流速 0.4 米 / 秒。海岸有泥质、砂质、基岩类型，湾底为泥沙。古镇口西部与小平原为邻，北、南部为低山丘陵所环绕；沿岸有三条季节性小河入湾。

龙湾 (Lóng Wān)

北纬 35°42.3′，东经 119°56.7′。位于青岛市黄岛区。湾口宽 13.45 千米，岸线长 66.6 千米，海湾面积约 75.1 平方千米，最大水深 17.8 米。

琅琊台湾 (Lángyátái Wān)

北纬 35°37.7′，东经 119°48.8′。位于青岛市黄岛区琅琊台西，泊里镇、琅琊镇南。湾口在大嘴与董家口嘴之间。因湾近琅琊台，故名。据《中国海湾志》

第四分册载：湾口宽 3.8 千米，岸线长 6.46 千米，海湾面积 14.53 平方千米。据 908 专项调查结果，湾口宽 3.37 千米，岸线长 19.4 千米，海湾面积约 16.7 平方千米，最大水深 10 米。为正规半日潮海湾，平均潮差 2.94 米，最大潮差 4.79 米，湾内流速不大。海底为泥沙质，但西部底质较粗。东北有大嘴突出，嘴南海岛上有灯桩。湾内正在建设青岛港董家口港区。

陈家贡湾（Chénjiāgòng Wān）

北纬 35°38.7′，东经 119°49.4′。位于青岛市黄岛区琅琊台湾的西北部分，湾口在大嘴与小围嘴之间，为琅琊台湾的一部分。湾口宽 3.77 千米，岸线长 35 千米，海湾面积 16.72 平方千米，最大水深 4.5 米。北部有贡口拦海坝、贡口港。贡口港旧称陈家口或陈家港。在拦海坝处建有滨海公路的陈家贡湾大桥。

棋子湾（Qízǐ Wān）

北纬 35°37.1′，东经 119°43.7′。位于青岛市黄岛区泊里镇，为黄石岚嘴与董家口嘴连线以北海域。因湾口沐官岛俨如棋子，两岸盐田如棋盘，故名。湾口宽 6.82 千米，岸线长 29.59 千米，海湾面积约 32.5 平方千米，最大水深 1.9 米。为正规半日潮海湾。实测最大涨潮流速 0.61 米/秒，实测最大落潮流速 0.51 米/秒。为横河入海口，口向南敞开。粉砂质淤泥底。湾北部东岸为泥沙滩，西岸为沙滩，中间为狭长水道。两侧辟为盐田。

黄家塘湾（Huángjiātáng Wān）

北纬 35°35.1′，东经 119°41.4′。位于青岛市黄岛区西南海域。湾口介于黄岛区董家口嘴与日照市任家台嘴之间。据传，湾北曾有黄家营村，因黄姓以权势将此海域霸为己有，故名。湾口宽约 14.9 千米，岸线长约 86.3 千米，海湾面积约 103.1 平方千米，最大水深 10.6 米。有潮河、白马河等多条河流注入。

王家滩湾（Wángjiātān Wān）

北纬 35°34.4′，东经 119°38.5′。位于黄家塘湾西部。湾口在黄石岚嘴与日照市任家台嘴之间。因湾内有王家滩口，故名。湾口宽 11.11 千米，岸线长 51.5 千米，海湾面积约 26.8 平方千米，最大水深 4.4 米。

海州湾（Hǎizhōu Wān）

北纬 34°54.4′，东经 119°18.9′。位于山东省与江苏省交界处，跨日照市和连云港市。因清代以前海湾沿岸为海州辖地而得名。海州湾是个年轻的海湾，在清康熙五十年（1711 年）以前还未成海湾，当时的云台山仍是海中孤岛，古称郁洲。南宋建炎二年（1128 年），黄河南徙，夺淮入海起，把大量的泥沙倾泻在云台山以南的黄海之中，苏北海岸不断向海淤进。到 1591 年黄河口伸至十套，13 年间推进 20 千米，平均每年淤涨 1 540 米。1700 年河口扩展至八滩以东，109 年间推进 13 千米，平均每年 119 米。由于黄河泥沙不断向三角洲两侧推进，云台山以西的海峡不断被淤塞变窄，终在 1711 年，云台海峡两侧滩地相接，云台山和大陆相连，海州湾形成。据《中国海湾志》第四分册载：湾口宽 42 千米，岸线长 86.81 千米，海湾面积 876.39 平方千米。根据 2008 年海岸线量测，湾口宽约 40 千米，岸线长约 121 千米，海湾面积 696 平方千米，最大水深 12.5 米。

海州湾为正规半日潮海域，平均潮差 3.39 米，实测最大涨潮流速 1.07 米 / 秒，实测最大落潮流速 0.65 米 / 秒。海底沉积物，北部以粗砂为主，南部以粉砂质砂为主。湾口两端为低山丘陵，以花岗片麻岩为主。沿岸为海湾低平原。有绣针河、龙王河、兴庄河、青口河、临洪河等河流入海。湾内近岸有秦山岛、连岛、竹岛、鸽岛等岛礁，湾口外有平岛、达山岛、车牛山岛等岛礁。海湾沿岸有连云港和日照港岚山港等重要港口。

第三章 海 峡

渤海海峡（Bóhǎi Hǎixiá）

北纬 38°16.6′，东经 121°00.3′。地处渤海与黄海交界处，介于辽东半岛南端的老铁山西角和山东半岛北端的蓬莱头之间，因渤海而得名。旧称“直隶海峡”，1929 年改今名。是连通黄海、渤海的唯一通道，素有“渤海咽喉”“京津门户”之称。长约 56 千米，最窄处宽约 99 千米，水深自西南向东北逐渐加大，最大深度 86 米，位于北部的老铁山水道。是我国第二大海峡，与台湾海峡、琼州海峡并称中国三大海峡。

海峡北部水域广阔，水深底平。中南部南北向纵列着庙岛群岛，自北向南有老铁山水道、北砣矶水道、长山水道和庙岛海峡等水道，其中老铁山水道、长山水道、庙岛海峡三条为通航水道。水道多为东西走向，一般水深在 10～40 米，唯老铁山水道深达 45～70 米。

海峡南端的庙岛群岛辟有数个自然保护区：国家级的“长岛自然保护区”、山东省级的“庙岛群岛斑海豹自然保护区”及“长岛海洋自然保护区”。

隋朝初年，东北方向的近邻高句丽侵犯东北，隋大业十年（公元 614 年），隋军从山东半岛东莱出发，渡渤海海峡，在辽东半岛南岸登陆，击败高句丽守军。唐朝在中国东北境内和朝鲜半岛海域，同高句丽、百济和日本进行海战，唐贞观十九年（公元 645 年），李世民指挥两路大军东征高句丽，大军由东莱起航，渡渤海海峡，在今旅顺口登陆，攻克卑沙城。1840—1842 年第一次鸦片战争、1856—1860 年第二次鸦片战争、1900 年八国联军和 1937 年日军侵华战争，侵略者均经此直趋京津。

庙岛海峡（Miàodǎo Hǎixiá）

北纬 37°51.7′，东经 120°45.0′。位于渤海海峡南端，介于烟台市长岛县南长山岛与蓬莱市之间。因位于庙岛群岛与山东半岛之间，故名。因其处古登州城北，故又名登州水道。连通渤海与黄海，海峡最窄处宽 6.6 千米，长约 13 千米，最大水深 37 米。西浅东深，水道西段的南侧和西端有一浅滩，即登州浅滩，最小水深仅 1 米左右，碍航。200 吨以下商船可通航。

第四章 水 道

老铁山水道 (Lǎotiěshān Shuǐdào)

北纬 38°33.8′，东经 121°01.6′。是渤海海峡的组成部分，位于海峡北部，老铁山至北隍城岛之间，以北部老铁山命名。《新唐书·地理志》称“乌湖海”，载：“登州东北海行过大谢岛、龟歆岛、末岛、乌湖岛三百里。北渡乌湖海，至马石山东之都里镇二百里。”是蓬莱至旅顺必经水路。水道最窄处宽 40 千米，长 30 千米，最大水深 86 米。是外海船舶进出天津港、唐山港、秦皇岛港、黄骅港和龙口港等渤海港口的重要通道。

小钦水道 (Xiǎoqīn Shuǐdào)

北纬 38°21.2′，东经 120°52.2′。位于渤海海峡中部、烟台市长岛县，介于南隍城岛与小钦岛之间。为连通渤海与黄海的水道，以小钦岛命名。水道最窄处宽 3.96 千米，长约 10 千米，最大水深 57 米。呈西北—东南走向，南浅北深，无碍航物，中部底质为石、贝，两侧为泥沙。水道禁止商船通航。

大钦水道 (Dàqīn Shuǐdào)

北纬 38°19.3′，东经 120°50.4′。位于渤海海峡中部、烟台市长岛县，介于大钦岛与小钦岛之间。为连通渤海与黄海的水道，以大钦岛命名。水道最窄处宽 1.31 千米，长 5.32 千米，最大水深 35 米。呈东西走向，中部浅两端深，无碍航物，两侧近岸处水深 10～20 米，泥沙贝质底。水道禁止商船通航。

北砣矶水道 (Běituójī Shuǐdào)

北纬 38°14.6′，东经 120°46.2′。位于渤海海峡中部、烟台市长岛县，介于大钦岛与砣矶岛之间。为连通渤海与黄海的水道，因南傍砣矶岛而得名。最窄处宽 10.18 千米，长约 14 千米，最大水深 46 米。呈东西走向，中部深、两端浅。中段南侧有一暗礁，名北礁。礁上建有灯桩。泥沙、砾石质底。水道禁止商船通航。

高山水道（Gāoshān Shuǐdào）

北纬 38°09.0′，东经 120°41.3′。位于烟台市长岛县，介于高山岛和砣矶岛之间。连通渤海与黄海，以高山岛得名。最窄处宽 8.24 千米，长约 15 千米，最大水深 27 米。呈西北—东南走向，无碍航物，水道东侧南深北浅，水深 17 ～ 40 米，西侧南浅北深，水深 17 ～ 30 米，底质为软泥，水道东南端建有砣子灯桩。水道禁止商船通航。

南砣矶水道（Nántuójī Shuǐdào）

北纬 38°06.6′，东经 120°48.0′。位于烟台市长岛县，介于砣矶岛与车由岛之间。连通渤海与黄海，因位于砣矶岛南而得名。水道最窄处宽 12.7 千米，长约 14 千米，最大水深 57 米。东西走向，西接猴矶水道和高山水道，南临长山水道。水道北侧东浅西深，水深 20 ～ 50 米；南侧较平缓，水深 17 ～ 20 米，仅东端深达 45 米，底质为泥沙。水道北侧东部和西部分别建有老东礁灯桩和砣子灯桩。水道禁止商船通航。

猴矶水道（Hóujī Shuǐdào）

北纬 38°05.9′，东经 120°38.5′。位于烟台市长岛县，介于猴矶岛与高山岛之间。连通渤海与黄海，以猴矶岛命名。水道最窄处宽 8.26 千米，长约 12.3 千米，最大水深 22 米。呈东西走向，东接南砣矶水道，无碍航物。水道两侧水略深，南侧猴矶岛附近多暗礁，泥沙底。猴矶岛上建有灯塔和雾笛。水道禁止商船通航。

长山水道（Chángshān Shuǐdào）

北纬 38°01.6′，东经 120°39.1′。位于渤海海峡南部、烟台市长岛县，介于北长山岛与猴矶岛之间。连通渤海与黄海，以长山岛命名。水道最窄处宽 6.33 千米，长 9.34 千米，最大水深 28 米。呈东西走向，西浅东深，软泥底，西段南侧有马枪石岛及众多礁石，中段近北长山岛处有 30 米以上的深水区。北侧有猴矶灯塔、雾笛；南侧有挡浪岛灯桩、北长山岛大西山灯桩、大头山灯塔等导航设施，为国内商船通航水道，是进出黄、渤海的主要水道。

西大门水道（Xīdàmén Shuǐdào）

北纬 37°58.0′，东经 120°37.9′。位于烟台市长岛县，大黑山岛与小黑山岛之间。水道最窄处宽 1.23 千米，长 6.46 千米，最大水深 11 米。

北口 (Běi Kǒu)

北纬 37°31.0′，东经 122°10.1′。位于威海市环翠区刘公岛与北山嘴岬角之间。连通威海湾与外部海域，因位于威海北部而得名。水道最窄处宽 1.49 千米，长 3.38 千米，最大水深 36 米。软泥底，两侧均为陡岸，是进出威海湾的主要航道。航道北侧有牙石岛、连林岛等岛屿。

北水道 (Běi Shuǐdào)

北纬 37°29.3′，东经 122°12.0′。位于威海市环翠区。因位于刘公岛西北侧而得名。水道最窄处宽 1.34 千米，长 4.7 千米，最大水深 9 米。通往东港区。

南口 (Nán Kǒu)

北纬 37°28.8′，东经 122°13.4′。位于威海市环翠区刘公岛与赵北嘴之间。西接威海湾，东接外部海域，因位于威海南部而得名。水道最窄处宽 3.1 千米，长约 6 千米，最大水深 23 米。水道中央有日岛，将航道分为南北两条。

南水道 (Nán Shuǐdào)

北纬 37°28.1′，东经 122°12.5′。位于威海市环翠区。因位于刘公岛南侧而得名。连通黄海海域，水道最窄处宽 2.48 千米，长约 5.2 千米，最大水深 22 米。

竹岔水道 (Zhúchà Shuǐdào)

北纬 35°57.5′，东经 120°18.2′。位于青岛市黄岛区。北接胶州湾口，南连灵山湾北侧。因竹岔岛而得名。水道最窄处宽 2.36 千米，长约 5 千米，最大水深 29 米。呈东北—西南走向，西浅东深，泥沙底质。常年多东南风和西南风，年平均风力 3～4 级，历年最大风力 12 级。春季多雾。在竹岔岛上设有灯桩，岛西南约 4.5 千米处设有灯浮。系青岛港至灵山湾之航行捷径，常有小型船只经此。

灵山水道 (Língshān Shuǐdào)

北纬 35°45.9′，东经 120°05.9′。位于青岛市黄岛区东部海域，为灵山湾南出海口。因位于灵山湾与灵山岛之间，故名。水道最窄处宽 9.31 千米，长约 15 千米，最大水深 20 米。为一良好隐蔽水道。附近有灵山岛主峰歪头顶与大珠山嘴灯桩等导航标志。主航道水深 20 米左右，万吨级船只可安全通航，来往青岛、石臼港、连云港等船只多经此水道。

第五章　滩

平畅河滩 (Píngchànghé Tān)

北纬 37°42.9′，东经 121°01.1′。位于烟台市福山区和蓬莱市交界处。因平畅河在此沙滩入海而得名。海滩。沙滩长约 1 千米。

纹石宝滩 (Wénshíbǎo Tān)

北纬 37°24.5′，东经 122°24.6′。位于威海市荣成市。以滩上有多种颜色的花纹卵石而得名。海滩。呈东西走向，长约 2.5 千米，平均宽 0.5 千米，面积约 1.25 平方千米。西、北两面濒海，岸边皆卵石，玲珑精美，形色各异。大若拳，小如卵，呈圆形、椭圆形、扁圆形或三角形。

沙担子 (Shādànzi)

北纬 37°20.8′，东经 122°34.9′。位于威海市荣成市区东北部，成山卫镇成山卫村东南 3.5 千米。因呈南北向带状，形似扁担，故名。海滩。长 2.5 千米，宽 50～300 米，面积约 0.32 平方千米。系由泥沙顺延海岸方向堆积的狭长形沙坝。将马山港与荣成湾分隔，其内侧为接近封闭的潟湖。沙坝北部多松林，南部仅生长少量杂草。植被覆盖率约 40%。

桑沟滩 (Sānggōu Tān)

北纬 37°08.6′，东经 122°28.7′。位于威海市荣成市桑沟湾内。因桑沟而得名。海滩。呈东北—西南走向，长 3.5 千米，平均宽 0.5 千米，面积约 1.75 平方千米。北与陆地相接，东临桑沟湾，系沙滩。其上建有桑沟滩林场。植被为松树，覆盖率达 90%。滩上生长一种野生荆条，种子可以入药。

银滩 (Yín Tān)

北纬 36°49.2′，东经 121°39.5′。位于威海市乳山市，西起白沙口，东至宫家岛对岸，基本呈东西走向，海滩。长约 6.3 千米，宽约 200 米，为胶东半岛著名的旅游度假区。

万米滩（Wànmǐ Tān）

北纬 36°39.6′，东经 121°08.3′。位于烟台市海阳市凤城街道，因沙滩长约 1 万米而得名。海滩。现海阳市大力发展沿海地区，万米滩沿岸大片陆地被开发，沙雕公园等旅游设施已建成。2012 年曾在万米滩举办过亚洲沙滩运动会。

鲁口滩（Lǔkǒu Tān）

北纬 36°35.7′，东经 120°59.5′。位于烟台市海阳市鲁口村东南。滩因村庄而得名。潮滩。呈东西走向，长 4.6 千米，宽 2.5 千米，面积约 11.673 平方千米。滩面平坦，其西侧正在建设海即大桥，东侧为养殖池和小型渔码头。

金口滩（Jīnkǒu Tān）

北纬 36°35.2′，东经 120°46.8′。位于青岛市即墨区丁字湾西部。因邻近金口镇而得名。潮滩。滩面东西最长约 5 千米，中部最窄约 1 千米，面积约 6.5 平方千米。有莲阴河、店集河等河注入。除南岸中部有小段岩岸外，其余均为拦海坝。泥沙底，有多种贝类生殖。建有养虾场。

白马滩（Báimǎ Tān）

北纬 36°36.3′，东经 120°51.8′。位于青岛市即墨区丁字湾内、雄崖所北，白马岛周围。以白马岛命名。潮滩。东西长约 2 千米，南北宽约 1 千米，面积约 2.7 平方千米。泥底，宜养殖对虾和泥蚶。中部为泥沙岸，两端为岩岸。

芝坊滩（Zhīfāng Tān）

北纬 36°34.0′，东经 120°54.0′。位于青岛市即墨区丁字湾南。因邻近芝坊村而得名。潮滩。南北最长约 5 千米，东西最宽约 2.5 千米，面积约 6.5 平方千米。有丰城河注入。泥底，有盐田和对虾养殖场。

栲栳滩（Kǎolǎo Tān）

北纬 36°33.8′，东经 120°56.3′。位于青岛市即墨区丁字湾东南部。因邻近栲栳头而得名。潮滩。东西最长约 3 千米，南北最宽约 2.2 千米，面积约 5.5 平方千米。泥底。有韩家河注入。西岸垛顶山至东岸栲栳头间筑有长 2 500 余米的拦海堤坝，坝内水域 7.3 平方千米。

南滩 (Nán Tān)

北纬 36°32.9′，东经 120°58.7′。位于青岛市即墨区丁字湾口南，北起栲栳头，南至黄龙港一线以东。海滩。在栲栳头部分，因受丁字湾潮流作用，形成了东伸入海的沙嘴。南部是依海岸凹面而成的东向宽约 1 千米、长约 5 千米的弧形滩面。两部分面积共约 7 平方千米。

泊子滩 (Pōzi Tān)

北纬 36°27.0′，东经 120°54.7′。位于青岛市即墨区横门湾的西北部。潮滩。东西长约 3.5 千米，南北最宽约 2 千米，面积约 6 平方千米。大部分为泥沙岸，局部岩岸，泥沙底。北岸为泊子盐田，西部为养虾场。

大桥滩 (Dàqiáo Tān)

北纬 36°27.7′，东经 120°47.2′。位于青岛市即墨区鳌山湾北部。因邻近大桥村而得名。潮滩。东西最长约 9 千米，南北宽约 2 千米，面积约 16.5 平方千米。滩北邻王村镇，东接田横镇，为泥岸或堤坝岸，泥底。北部大桥盐场是即墨区最大的盐场。盐场外有养虾池。

黄埠滩 (Huángbù Tān)

北纬 36°26.3′，东经 120°42.7′。位于青岛市即墨区温泉镇东南部、鳌山湾西北部，东北起自凤山南麓，西南至钓鱼台一线的西北。潮滩。延伸入陆约 3 千米，面积约 4.5 平方千米。社生河和皋虞河注入。堤坝岸和泥沙岸，泥沙底。海滩已被开发，沿岸建有别墅和海泉湾度假中心。

金沙滩 (Jīn Shātān)

北纬 35°57.9′，东经 120°15.0′。位于青岛市黄岛区，海滩。长约 2.5 千米，宽约 230 米，面积 0.57 平方千米。现为青岛市著名的海水浴场，每年吸引大量游客，周边旅游设施齐全。

石雀滩 (Shíquè Tān)

北纬 35°56.7′，东经 120°13.8′。位于青岛市黄岛区石雀湾北部，因位于石雀湾内而得名。海滩。呈东北—西南走向，长约 1.3 千米，宽约 200 米，面积约 0.37 平方千米。

银沙滩（Yín Shātān）

北纬 35°55.2′，东经 120°12.0′。位于青岛市黄岛区，海滩。长约 1.1 千米，宽约 500 米，面积约 0.28 平方千米。

第六章　半　岛

山东半岛（Shāndōng Bàndǎo）

北纬 34°22.0′—37°49.9′，东经 114°19.0′—122°42.3′。中国三大半岛之第一大半岛，位于山东省东北面，以小清河口—绣针河口为界。半岛三面临海，北面与辽东半岛隔渤海相望，东部与韩国隔海相望。总面积3.9万平方千米。有大、小山东半岛之分。小山东半岛指胶莱河以东的胶东半岛，大山东半岛是潍坊寿光小清河口和苏鲁交界处的绣针河口两点连线以东的部分。是山东省东部伸入黄海、渤海间的半岛。丘陵、低山占总面积的 70%。丘陵海拔大多在 200 米左右。有数列东北—西南走向的山岭，海拔 500～1 000 米，以崂山最高（1 130 米）。沿海有海积平原，面积不足 30%。半岛海岸线曲折，多海湾、岬角和岛屿，是花生和温带水果的重要产区。烟台苹果、莱阳梨、大泽山葡萄闻名国内外。烟台一带受海洋影响春季回暖较迟，苹果开花延迟到立夏以后，因而少受寒流侵袭，果树坐果率高。沿海盛产鱼、盐。半岛东南的青岛为中国优良海港之一，夏季气候凉爽，为旅游避暑疗养胜地。因为地理上的原因，山东半岛地区与东北和韩国联系紧密。历史上有大批民众自水路乘船“闯关东”到东北，现在东北也有不少人“回流”至山东半岛。

胶东半岛（Jiāodōng Bàndǎo）

北纬 36°24.3′—37°49.9′，东经 119°33.5′—122°42.3′。胶莱河以东三面环海的陆地，具体指南胶莱河口及大沽河口至北胶莱河口及平度新河镇河口连线以东地区。海岸蜿蜒曲折，港湾岬角交错，岛屿罗列，是华北沿海良港集中地区。青岛的胶州湾、烟台的芝罘湾、威海的威海湾和石岛的石岛湾等均建有中国著名港口。半岛交通便利，经济发达，是我国重要经济区之一。半岛砂质海岸发育。沙坝发育之地，岛陆相连形成陆连岛。沿海岛屿除渤海海峡的庙岛群岛外，均分布于近陆地带，较大者有养马岛、杜家岛、田横岛、刘公岛、鸡鸣岛、崆峒岛、褚岛、苏山岛和南黄岛等。

崂山头（Láoshān Tóu）

北纬 36°07.8′—36°09.3′，东经 120°40.2′—120°42.9′。位于青岛市王哥庄社区东南 15.5 千米，崂山东南端。因此处是崂山最东的山头，故名。面积约 5.5 平方千米，主峰为土峰顶，海拔 373 米。半岛尖端即为崂山头，海拔 242 米，陡峭耸峙，嵯峨险峻，峰头直插入海，顶部遍植黑松，东坡临海的峭岩上，生有两株耐冬，传为道士张三丰所植。有灯塔，坐标北纬 36°08.1′，东经 120°42.7′，灯高 116.5 米，射程 18 千米。

第七章　岬　角

刁龙嘴 (Diāolóng Zuǐ)

北纬 37°21.7′，东经 119°50.7′。位于烟台市莱州市三山岛街道西南。由沿岸泥沙运动形成龙嘴状沙嘴。整个沙嘴低平，北侧略高。海拔 5 米。现岬角北侧为刁龙嘴港湾，南侧为太平湾贝类养殖场。岬角附近建有刁龙嘴水电站、过西养貂厂、冷库，岬角顶端建有导航灯塔 1 座。

三山头 (Sānshān Tóu)

北纬 37°24.1′，东经 119°56.3′。位于烟台市莱州市三山岛街道。因有海拔分别为67米、66米和55米自西向东排列的三座山头，故名三山头。向海伸出2.2千米。北面海岸为东西走向。绕向三山头后呈南北偏西向，南侧为王河河口入海口，西侧为新建的三山岛金矿。岬角西峰建有灯塔 1 座，中峰建有铁塔 1 座，东峰建有风速测试塔和监测室 1 座。三山头北侧建有莱州港，西侧为三山岛渔港。

西北嘴 (Xīběi Zuǐ)

北纬 37°59.3′，东经 120°40.9′。位于烟台市长岛县北长山岛西北部。因位于岛西北端而得名。呈牛角状伸入海中。长 450 米，面积约 0.08 平方千米。海拔 70 米，向西渐低。尖角处为低矮海蚀崖岩岸，南侧多砾石；北侧系陡峭海蚀崖，人称“九丈崖”，高 60 余米。崖下遍布礁石，角端建有灯桩，是船只进出珍珠门水道的重要标志。

鹊嘴尖子 (Quèzuǐ Jiānzi)

北纬 37°54.9′，东经 120°43.0′。位于烟台市长岛县南长山岛西端。亦称鹊嘴子，因位于鹊嘴村西而得名。呈不规则梯形向西伸入海中，长 200 米，面积约 0.04 平方千米，海拔 30 米。东部与信号山连接，向西渐低，至尖角处陡然高起。系海蚀崖型海岸，南北两侧为岩礁。岬角外有岩礁向海中延伸 200 余米。岬角西端建有灯桩。

蓬莱头（Pénglái Tóu）

北纬 37°49.9′，东经 120°44.6′。位于烟台市蓬莱市登州镇，渤海、黄海南岸交界处。亦称蓬莱角、登州头。因位于蓬莱城西北角，故名。古称田横寨，系因汉将韩信破齐，田横率部徒 500 人东走曾筑寨于此。西北走向，呈梯形向北深入海中，长 600 米，面积约 0.5 平方千米，最高海拔 72 米。东、北两面是石质陡崖，高 25 米。岬角隔海与庙岛群岛相望，为内陆到庙岛群岛客运之唯一口岸。岬角上有名胜蓬莱阁。岬角东南有水城，明清两朝曾驻水师于此，著名抗倭英雄戚继光曾在水城训练水军。1987 年又复建田横寨，寨墙称“八仙墙”，为蓬莱市主要旅游点之一。岬角助航标志显著，设有老北山灯塔，坐标北纬 37°49.9′，东经 120°44.6′，灯高 90 米，射程 20 千米。

龙门眼（Lóngményǎn）

北纬 37°41.9′，东经 121°08.9′。位于烟台市福山区。因岬角东端陡崖上有两个山洞，形似龙眼，故名，又称龙洞嘴。东西走向，呈三角形，向东伸入黄海。长 800 米，面积约 0.6 平方千米，最高点海拔 102 米。北面是石质陡崖，高 25 米。南面坡度较缓。1955 年在最高处建初旺灯塔。

芝罘东角（Zhīfú Dōngjiǎo）

北纬 37°35.7′，东经 121°25.9′。位于烟台市芝罘区。系芝罘山东端伸入海中的尖角，故名。长 500 米，面积约 0.13 平方千米，海拔 66 米。北岸为险崖，崖坡达 80°～90°，崖高 30 米以上。南崖坡度较缓。东部海域是烟台外港区，南部海域有检疫锚地。岬角顶部设气象站。周围水深 7 米左右。相传秦始皇东巡“登芝罘”时，曾在此射过“巨鱼”，是旅游观光之地。

烟台山嘴（Yāntáishān Zuǐ）

北纬 37°32.9′，东经 121°23.8′。位于烟台市芝罘区烟台山北。岬角上建有灯塔，塔高 80 米，射程 20 千米。

帽角（Mào Jiǎo）

北纬 37°29.0′，东经 121°57.8′。位于威海市环翠区西 14 千米，与双岛东西相对。当地称为鹿台，地形图上名露台，航海资料称为帽角，其名由来无考。

呈不规则三角形，向西北延伸入海。长约 1.1 千米，面积约 1 平方千米，海拔 30 米。西南侧为基岩海岸，较为陡峭，有礁脉向西延伸约 200 米。北侧有砂质海岸，较为平直，是天然海水浴场。岬角处双岛港主航道附近，位置重要，设有渔用灯桩。

黄泥头嘴 (Huángnítóu Zuǐ)

北纬 37°32.9′，东经 122°06.5′。位于威海市环翠区。因岬角顶部多黄泥而得名。西北走向，延伸入海约 500 米，面积约 0.1 平方千米，最高点海拔 40 米。东南部与松顶山余脉相接，向北渐低。基岩海岸，较为陡峭。岬角附近设有引导灯桩。

靖子头 (Jìngzi Tóu)

北纬 37°33.8′，东经 122°07.1′。位于威海市环翠区北 6.5 千米，葡萄滩东侧，西北与褚岛相对。以南邻靖子山而得名。南北向，延伸入海约 1.5 千米，面积约 0.9 平方千米，海拔 113 米。由下元古代胶东岩群片麻岩构成，海岸侵蚀特征明显。三面岩岸陡峭，40 米等深线距岸仅 200 米。岬角由四个东南—西北向排列的小山丘组成，地势南高北低，西侧及南侧筑有护岸，顶端筑有白色圆形灯塔等导航设施。灯塔高 92 米，射程 25 千米。

北崮头 (Běigù Tóu)

北纬 37°31.9′，东经 122°09.3′。位于威海市环翠区。因是突出海中的孤石，南与另一孤石相对，名北孤石头，后演变为今名。近似半圆形，向东延伸入海，长约 200 米，最高点海拔 25 米。其上有楼舍，名七星楼。

南山嘴 (Nánshān Zuǐ)

北纬 37°31.2′，东经 122°09.4′。位于威海市环翠区。因此处有南北两个岬角，该岬角位置居南而得名。呈半圆形，向南延伸入海，长 150 米，最高点海拔 19 米。基岩海岸。岬角顶上建有饭店。

东山嘴 (Dōngshān Zuǐ)

北纬 37°30.8′，东经 122°08.4′。位于威海市环翠区。因此处俗称东山而得名。近似半圆形，南北走向，长 250 米，海拔 35 米。基岩海岸。此处于明代建祭祀亭，名祭祀台。清末曾在顶上建海岸炮台。1934 年在此建公园，名威海公园，亦名东山公园，是当时“新威海八景”之一，号“山园逭暑”。1945 年公园被日本侵略军破坏。1980 年在公园旧址建宾馆，名东山宾馆。

黄岛（Huángdǎo）

北纬 37°30.3′，东经 122°09.9′。位于威海市环翠区。名荒岛，后讹传为黄岛。清康熙《威海卫志》中所载“黄岛，附刘公岛西，微有草木”即此。1886—1891 年间在岬角上建设炮台，将其与刘公岛连在一起，始成现状。长 500 米，最高点海拔 13 米，其上有清末炮台旧址，现设有兵器馆，是游览地。东南侧为麻井子港。

东泓（Dōnghóng）

北纬 37°29.8′，东经 122°12.5′。位于威海市环翠区。因周围水域深广，波浪腾涌，本名东浤，后演变成东泓。俗称东泓嘴子、东泓梢子，航海资料称为东红。长 300 米，最高点海拔 18 米。其上有清末建设的海岸炮台。沿岸有礁石分布。

旗杆嘴（Qígān Zuǐ）

北纬 37°29.5′，东经 122°08.5′。位于威海市环翠区。旧时曾名竹岛角，今俗称灯楼子。呈尖角形，长 200 米，海拔 11 米。基岩海岸，陡峭如壁。1891 年于此建航海灯桩，即名旗杆嘴灯桩。岬角附近建有灯塔，坐标北纬 37°29.5′，东经 122°08.4′，灯塔高 24 米，射程 16 千米。

金南嘴（Jīnnán Zuǐ）

北纬 37°29.0′，东经 122°08.3′。位于威海市环翠区。因位于金线顶之南，即以金南嘴为名。呈尖角形，长约 150 米。1979 年在此建岸壁码头，今为威海渔港所在地。

龙庙嘴（Lóngmiào Zuǐ）

北纬 37°27.1′，东经 122°12.3′。位于威海市环翠区。因附近古时曾建有龙王庙，故名龙庙嘴。1886—1891 年在此修建海岸炮台，即名龙庙嘴炮台，为南帮诸炮台之一。因炮台位于海埠村北，俗称“北炮台”，岬角亦因之名曰北炮台嘴。呈半圆形。基岩海岸，岸外有礁脉向北延伸，末端即龙王岩。今为威海港新港区所在地。

兔子头 (Tùzi Tóu)

北纬 37°27.6′，东经 122°14.0′。位于威海市环翠区。因岬角形似兔子而得名。略呈三角形，西北向延伸入海，长约 150 米，最高点海拔 32 米。沿岸坡陡水深，不易攀登。1886—1891 年间在岬角上建海岸炮台，今遗址尚存。

赵北嘴 (Zhàoběi Zuǐ)

北纬 37°27.7′，东经 122°14.6′。位于威海市环翠区。相传，因灯光照向北部海面，便以照北嘴为名，后演变成今名。一说本名皂北嘴，因地处皂埠村西北而得名。长 100 米，最高点海拔 22 米。沿岸多峭壁，岸外有礁脉延伸。1891 年在此建航海灯桩。岬角附近建有灯塔，坐标北纬 37°27.7′，东经 122°14.6′，灯高 29 米，射程 15 千米。新威海港即建于此附近海域。

马他角 (Mǎtā Jiǎo)

北纬 37°11.6′，东经 122°37.3′。位于威海市荣成市城东 19 千米处，爱连湾东侧。该岬角是与马山头南北隔海相望的一个突出尖角，故名马他角。南北走向，长约 300 米，面积约 0.5 平方千米。角上较平坦，海拔 12 米，为基岩岸。周围有礁脉向外延伸，西南方有暗礁。因岬角是山东高角以南海岸的突出尖角，故为海上重要导航标志。

东南高角 (Dōngnán Gāojiǎo)

北纬 36°53.8′，东经 122°30.8′。位于威海市荣成市镆铘岛乡。因地势较高而得名。南北走向，向南延伸入海。长约 300 米，面积约 0.05 平方千米。南高北低，呈不规则三角形。海拔 21 米，岸线长约 900 米。岬角上建有灯塔、雾笛和无线电指向标。

马头嘴 (Mǎtóu Zuǐ)

北纬 36°51.0′，东经 122°22.6′。位于威海市荣成市王家湾口西侧，东距小王家岛 450 米。因是马山头东端伸入海中之尖角而得名。东西走向，长约 250 米，面积约 0.03 平方千米，海拔 10 米，呈不规则三角形。周围多明礁，岬角与小王家岛对峙，形成了出入王家湾的门户。

朱家岬 (Zhūjiā Jiǎ)

北纬 36°50.0′，东经 122°20.7′。位于威海市荣成市南岸，西南距王家湾 4.3 千米。因位于朱口村南而得名。南北走向，长约 1 千米，面积约 0.5 平方千米，海拔 57 米。海蚀基岩岸。东南端有石砌、方形、高 8 米的瞭望台，设有朱口灯桩。

靖海角 (Jìnghǎi Jiǎo)

北纬 36°50.8′，东经 122°10.9′。位于威海市荣成市区西南 40.5 千米，西南与凤凰尾岛相对。因地处古靖海卫西南而得名。东北至西南走向，呈不规则三角形。向西南延伸入海约 500 米，面积约 0.1 平方千米。最高点海拔 17 米，海岸线长约 1.2 千米。基岩海岸，南部和东部多礁石。

鹅嘴 (É Zuǐ)

北纬 36°56.9′，东经 121°57.2′。位于威海市文登区小观镇人民政府驻地东南 9.5 千米，五垒岛湾入口处西侧。东西偏北走向，形似鹅嘴，故名。当地群众称二嘴子。长 100 米，面积约 0.01 平方千米。其西部是一长约 3 千米的滨海沙洲。岬角西南海域为小型渔船锚地，西北侧有东里岛、西里岛两村。

凤凰嘴 (Fènghuáng Zuǐ)

北纬 36°50.8′，东经 121°44.9′。位于威海市乳山市区东南 22 千米，和尚洞水产站南 1 千米。因形似凤凰嘴而得名。呈三角形，东西走向，长、宽均 200 米，海拔 10 米，西与大陆相连，向东伸入海中。岬角东侧高点建有灯桩一座。周围多岩礁，岸坡较陡，附近水深 4～5 米。

古龙嘴 (Gǔlóng Zuǐ)

北纬 36°44.2′，东经 121°38.6′。位于威海市乳山市小石口村东 200 米，南黄岛东北 1.3 千米处。因岬角形似龙嘴，故名。又名鸟嘴头。呈不规则梯形，向东南伸入海中，长 1 千米，海拔 42 米，由西北向东南尖角渐低，尖角高 19 米。海蚀基岩海岸，附近水深 8～13 米。

老龙头 (Lǎolóng Tóu)

北纬 36°41.2′，东经 121°14.3′。位于烟台市海阳市凤城街道凤城村南 1 千米处。因形似龙骨向南延伸入海而得名。长 2.5 千米，宽 700 米，海拔 10 米，由海浪冲击侵蚀而成。岬角原建有商港，共有三个泊位，可停泊 1 000 吨级货船。商港北部建有渔港，现正在建设海阳港。

栲栳头（Kǎolǎo Tóu）

北纬 36°33.8′，东经 120°57.2′。位于青岛市即墨区东北部，丁字河口南侧，栲栳滩和南滩之间。为突出于丁字湾口内的尖角，因名栲栳头。南北走向，长约 600 米，南依海拔 52 米的小山，尖端高 17 米，建有灯桩。近岸水深 10～17 米。岬角东侧建有码头，可以停泊 500 吨级船只。

太平角（Tàipíng Jiǎo）

北纬 36°02.6′，东经 120°21.6′。位于青岛市市南区。因是太平山突出海中部分，故名。呈三角形，东北—西南走向，长 750 米，宽 350 米，面积 0.15 平方千米，海拔 18 米。东、西、南三面环海。基岩陡岸，附近水深 3～5 米。西南距角端 200 米处为干出礁，名老鼠礁。北侧为太平角疗养区，东北侧是青岛第三海水浴场。西南与象嘴隔海相对，其连线为青岛港外港界。岬角依山面海，是青岛疗养、游览点之一。附近建有灯塔，坐标北纬 40°01.6′，东经 121°49.6′，塔高 36 米，射程 20 千米，由白色混凝土构成。

汇泉角（Huìquán Jiǎo）

北纬 36°02.7′，东经 120°20.2′。位于青岛市市南区。因邻古汇泉村得名。东北—西南走向，长 700 米，最宽 230 米，面积约 0.13 平方千米。三面环海，两侧水深 2 米，尖端部附近水深 5～10 米。沿岸为花岗岩，礁石错落陡峭，顶部海拔 34 米。为进出胶州湾的第一道关隘。西南与窟窿山遥遥相对。西北侧是著名的青岛第一海水浴场。东北侧是八大关疗养区。其上设有信号台。有 1899 年德国人所建一号炮台遗址，为青岛市重点文物保护单位。1930 年所建的观澜亭至今尚存。岬角风景秀丽，由此还可眺望青岛海滨风貌，是青岛疗养、游览胜地之一。

团岛嘴（Tuándǎo Zuǐ）

北纬 36°02.7′，东经 120°16.9′。位于青岛市市南区。长 400 米，宽 180 米，面积约 0.07 平方千米，海拔 16 米。岸壁陡峭，附近水深 3～10 米。顶部设有灯塔和电雾号，为进出青岛湾主要导航标志。岬角地理位置重要，南与脚子石嘴南北对峙，共扼胶州湾之咽喉。其两角连线亦为胶州湾与黄海及青岛港界。1955 年在岬角西南 800 米处，曾发生过海损沉船事故。灯塔坐标北纬 36°02.7′，东经 120°17.0′，塔高 24 米，射程 15 千米。

黄山嘴 (Huángshān Zuǐ)

北纬 36°03.5′，东经 120°14.1′。位于青岛市黄岛区。因是黄山向东伸入胶州湾的岬角，故名。东西走向，长约 250 米，面积 0.04 平方千米，海拔 12 米。基岩海岸，坡度较缓。近岸水深 1～5 米。岬角地理位置重要，东隔 4.5 千米与团岛嘴相对，共扼胶州湾内湾之咽喉。岬角西北侧约 400 米处，原建有黄岛原油码头 1 座。现岬角附近建有青岛—黄岛轮渡码头、造船厂等。

脚子石嘴 (Jiǎozishí Zuǐ)

北纬 36°00.9′，东经 120°17.1′。位于青岛市黄岛区，窟窿山北麓，胶州湾口南端。因系窟窿山脚下岩石构成，故名。南北走向，向北延伸入海，长约 250 米，宽约 600 米，面积 0.15 平方千米，海拔 86 米。岩岸陡峭，近岸水深 3～10 米。瞭望条件好，与团岛嘴一起构成扼胶州湾咽喉要隘。风光秀丽，为青岛游览区。

左披嘴 (Zuǒpī Zuǐ)

北纬 36°00.2′，东经 120°18.5′。位于青岛市黄岛区。岬角上建有房屋等旅游设施。

象嘴 (Xiàng Zuǐ)

北纬 36°00.7′，东经 120°18.3′。位于青岛市黄岛区，窟窿山东麓。又名象头，因形似象头，故名。东西走向，向东延伸入海，长约 300 米，宽约 120 米，面积约 0.04 平方千米，海拔 19 米。三面岩岸较陡，近岸水深 4～10 米。岬角地处胶州湾口要冲，位置重要。东北与太平角连线为青岛港的外港界。

石雀嘴 (Shíquè Zuǐ)

北纬 35°57.0′，东经 120°14.3′。位于青岛市黄岛区南营东部海滨，其南为石雀湾。因孤石上有一形如麻雀的天然石而得名。该岬角外有孤石，岬角与孤石间有较低石岭相接，涨潮时，石岭被淹没，形成孤石，退潮后现出石岭，形如大象脖子，故又称象脖子。

丁家嘴 (Dīngjiā Zuǐ)

北纬 35°54.6′，东经 120°08.0′。位于青岛市黄岛区灵山卫南 2.5 千米，系陆地伸入海中的东北—西南向岬角。长 800 米，宽 500 米。岸下水深 3～20 米。附近建有船厂。

朝阳山嘴 (Chāoyángshān Zuǐ)

北纬 35°53.3′，东经 120°05.0′。位于青岛市黄岛区朝阳山西南。因系朝阳山余脉伸向灵山湾的岸角，故名。岬角基部宽约 250 米，南北长约 50 米，面积约 0.01 平方千米。山嘴上建有碉堡。山嘴端有岩礁及孤石，水深 2～3 米。西南距大陆 950 米处及 400 米处各有一暗礁。

大珠山嘴 (Dàzhūshān Zuǐ)

北纬 35°43.4′，东经 120°00.8′。位于青岛市黄岛区大珠山南端。又名鹰嘴子。因是大珠山伸向大海的尖角，故名。基部东西宽约 500 米，南北长约 300 米，西北—东南走向，面积约 0.15 平方千米。正西 500 米高处设有灯塔，高约 10 米。西北距大陆 100 米处有一岩礁。

董家口嘴 (Dǒngjiākǒu Zuǐ)

北纬 35°35.0′，东经 119°45.7′。位于青岛市黄岛区琅琊台湾西端。因邻近董家口村，故名。岬角呈半圆形，南北走向，向西南方突出，后部宽约 750 米，长约 300 米，面积约 0.21 平方千米，海拔 10 米。岬角建有灯桩。东北部的琅琊台湾内正在建设青岛港董家口港区。

龙山嘴 (Lóngshān Zuǐ)

北纬 35°27.8′，东经 119°35.9′。位于日照市东港区。海蚀崖陡峭悬立，海岸岩石滩为张家台栏，岬角海拔 5 米。南端建有渔港。

奎山嘴 (Kuíshān Zuǐ)

北纬 35°20.3′，东经 119°30.7′。位于日照市东南，石臼港以南海岸。因邻近奎山而得名。长约 1 千米，宽约 800 米。东南 1.5 千米一带有众多明礁、暗礁、干出礁混合交错的礁石，船舶不可靠近，曾有外轮在此触礁沉没。现岬角处建有渔港，其西侧建有日照市中心渔港，东北侧为日照港区。

第八章　河　口

马颊河河口（Mǎjiáhé Hékǒu）

北纬 38°08.3′，东经 117°51.6′。位于滨州市无棣县东北部，为马颊河、德惠新河汇流入海口。因主要为马颊河入海口而得名。河流长 425 千米，流域面积 12 239 平方千米，年径流量 2.93 亿立方米，年均输沙量 76.2 万吨。口门宽 800 米，西南—东北走向，弯曲迂回，口门处有拦门沙长 2 千米。据传，1949 年以前河口处水较深，一般船只进出无阻。近年来，因受潮汐与上游泄水影响，河口淤积，形成拦门沙，低潮时水深仅 0.5～0.8 米，船只进出不便，5～10 吨小船可进出无阻，10 吨以上船只需等涨潮时方可通行。

潮河河口（Cháohé Hékǒu）

北纬 38°04.1′，东经 118°13.4′。位于滨州市沾化区和东营市河口区交界处。因是潮河入海口，故名，又名“洼拉沟”。河流长约 73.5 千米，流域面积 1 408 平方千米。干流起自滨州市双西村西沙河，东北经沾化区，入东营市河口区，流经河口区太平乡、新户乡，至洼拉沟入海。口门宽 104 米，河口南北走向呈“S”形，长 10 千米，宽 1.5 千米，河道宽 90 米。

老黄河口（Lǎohuánghé Kǒu）

北纬 38°06.2′，东经 118°40.7′。位于东营市河口区。因 1964—1976 年黄河曾经此入海而得名，1964 年前曾名钓口河。河口段行水期间年平均流量 1 340 米^3/秒，年均输沙量 11 亿吨，使陆地以每年 1.5 千米淤积速度向海延伸。1976 年因河床抬高，流水阻塞，故由人工截流改道从清水沟入海。口门宽 636 米。原河口现已成陆地，并因海水侵蚀而缓慢蚀退，原河道已成季节排水沟。

黄河口（Huánghé Kǒu）

北纬 37°39.7′，东经 119°16.0′。位于东营市垦利区黄河口镇。因是现行黄河入海口，故名。黄河是我国第二大河，河流长 5 464 米，流域面积 75.2 万平方千米。因黄河水少沙多，历史上以其多变善迁而闻名于世。但自中华人民共和国建立以来，经过多年治理，黄河，特别是河口区的多变情况大有改变，这与黄河入海泥沙的减少有重要关系。黄河利津站 1950—1975 年年均输沙量 11.31 亿吨，1977—2010 年年均输沙量 4.54 亿吨。现行黄河口是指 1976 年 5 月 27 日黄河尾闾在西河口由钓口河流路改清水沟流路而形成的河口。由于现行黄河口处于 M2 分潮无潮海区，海域潮差甚小。黄河口区甚短，感潮段长仅 10 千米左右，几乎不存在潮流段，口外海滨段也仅有 2～5 千米宽，河口区总长 16 千米左右。口门宽 1.96 千米。随着黄河流域综合治理的加强，黄河口的稳定性将越来越好。

小清河口 (Xiǎoqīnghé Kǒu)

北纬 37°16.9′，东经 118°59.4′。位于渤海的潍坊市寿光市莱州湾西南岸，距羊角沟镇 13 千米。因是小清河入海口而得名。河流长 237 千米，流域面积 10 499 平方千米。年平均总径流量 5.82 亿立方米，1970—1980 年年平均输沙量 29.1 万吨。口门宽 700 米，口向东北，口宽内狭，呈扇形，宽 1 千米。水深 2～5 米。高潮时，海水沿河床上溯 15 千米左右。口门上游 500～2 000 米处有一牡蛎暗礁，长 1 500 米，最宽处达 500 米。礁上水深 0.3～1.4 米，有碍航行。口门外 1 000～2 000 米处有一拦门沙，水深 1 米，有碍航行。河口附近的羊口港是海上交通门户，上行可直达济南，出河口通过渤海可达天津、大连、旅顺、青岛、烟台等地。

白浪河口 (Báilànghé Kǒu)

北纬 37°11.4′，东经 119°11.8′。位于莱州湾南岸，潍坊森达美港堤坝与欢乐海之间，隶属于潍坊市寒亭区。因是白浪河入海口而得名。河流长 120 千米，流域面积 1 237 平方千米。口门宽 300 米，口门处建有防潮闸。

堤河口 (Dīhé Kǒu)

北纬 37°06.7′，东经 119°19.0′。位于潍坊市昌邑市和寒亭区交界处。因是堤河入海口，故名。河流长 75 千米，流域面积 301 平方千米。口门宽 1.29 千米，河口两侧多为沼泽湿地。

潍河口 (Wéihé Kǒu)

北纬 37°07.4′，东经 119°29.8′。位于潍坊市昌邑市下营港以北 7 千米处。因是潍河入海口而得名。河流长 246 千米，流域面积 6 370 平方千米，年输沙量约 92.44 万吨。口门宽 1.2 千米。河口两侧建有大片养虾池，是下营港出海口。

胶莱河口 (Jiāoláihé Kǒu)

北纬 37°06.5′，东经 119°34.7′。位于潍坊市昌邑市和烟台市莱州市交界处。河口以胶莱河而得名，呈喇叭状向莱州湾延伸。河流长约 100 千米，年均径流量 2.33 亿立方米，年均输沙量 8.7 万吨。口门宽 5.36 千米。河口段水面宽 0.15～1.25 千米。水深 1.5～2 米，胶莱河系元代海运江南粮食入京都而人工开凿的漕运枢纽。因受胶莱冲积平原上大量陆缘物质淤积，不仅海运早废，而且河床逐年东移，河口变化较大，海岸线不断向海淤进。

王河河口 (Wánghé Hékǒu)

北纬 37°24.0′，东经 119°56.4′。位于烟台市莱州市三山岛街道。因是王河入海口，故名。口门宽 344 米。

界河河口 (Jièhé Hékǒu)

北纬 37°33.2′，东经 120°14.7′。位于烟台市龙口市和招远市的交界处。因是界河入海口而得名。河流长约 60 千米，流域面积 532 平方千米。口门宽 169 米。

黄水河口 (Huángshuǐhé Kǒu)

北纬 37°44.9′，东经 120°30.9′。位于烟台市龙口市诸由观镇，黄河营村北 0.5 千米处。因是黄水河入海口，故名。河流长 65 千米，流域面积 1 016 平方千米，年输沙量 14.33 万吨。上游有大型水库 1 座。口门宽 100 米，河口两侧是沿岸沙堤，现河口处已建设黄水河湿地公园。

沙河口 (Shāhé Kǒu)

北纬 37°48.8′，东经 120°48.7′。位于烟台市蓬莱市。系平山河入海口，因邻近沙河李家村而得名。口门宽 114 米。

青龙河口 (Qīnglónghé Kǒu)

北纬 37°02.4′，东经 122°11.8′。位于威海市文登区高村镇和张家产镇交界处，靖海湾湾顶。因是青龙河入海口，故名。青龙河全长 31 千米，流域面积 235.8 平方千米，多年平均径流深 273 毫米。口门宽 1.05 千米。河口潮滩发育。

母猪河口 (Mǔzhūhé Kǒu)

北纬 36°57.6′，东经 121°58.4′。位于威海市文登区泽头镇五垒岛湾顶部。因是母猪河入海口，故名。母猪河全长 65 千米，流域面积 1 278 平方千米，据 1953—1956 年统计资料，年输沙量 35.89 万吨。口门宽 1.1 千米。河口粉砂质潮滩发育。

乳山河口 (Rǔshānhé Kǒu)

北纬 36°51.2′，东经 121°26.9′。位于威海市乳山市乳山寨镇和乳山口镇交界处。因乳山河由此入海，故名。河流长 65 千米，流域面积 954.3 平方千米。最大洪峰流量 2 565 米^3/秒，最小流量 0.2 米^3/秒，终年不枯，最大水深 1 米。据 1956—1960 年统计资料，年均径流量 2.23 亿立方米，年均输沙量 13.45 万吨。口门宽 535 米，呈喇叭状，南北走向，长 2 千米。河口多浅滩，不能通航。

五龙河口 (Wǔlónghé Kǒu)

北纬 36°36.8′，东经 120°47.8′。位于烟台市莱阳市，丁字湾西北部，是羊郡、穴坊两镇的海岸界河口。因五龙河由此入海，故名。河流长 124 千米，流域面积 2 653 平方千米，年均径流量 9.04 亿立方米，年均输沙量 56.6 万吨。口门宽 937 米，东北—西南走向，河口有东西长 850 米、南北宽 60 米的长方形沙洲，将河水分成主次两流入海。河口两岸滩涂上建有养虾池，河口多产梭鱼、鲤鱼等。据《莱阳县志》载："二百年前，船可上溯至胡城。"因泥沙淤积，河口不断下移。

大沽河口 (Dàgūhé Kǒu)

北纬 36°12.9′，东经 120°06.7′。位于青岛市胶州市和城阳区。系大沽河和南胶莱河共同入海口。因系大沽河入海口，故名。大沽河干流长 179 千米，总流域面积 6 131.3 平方千米，年均径流量 7.55 亿立方千米，年均输沙量 70 万吨。河道平均水深 3 米，水道宽 150～200 米，口门宽 1.54 千米。河口段曲流发育，西岸湿地宽阔。

龙王河口（Lóngwánghé Kǒu）

北纬 35°10.9′，东经 119°23.0′。位于日照市东港区。龙王河，又称韩家营子河。因是龙王河入海口，故名。河流长 16.7 千米，流域面积 93.3 平方千米。口门宽 176 米，河口呈东西走向，已建成小型码头。

绣针河口（Xiùzhēnhé Kǒu）

北纬 35°05.3′，东经 119°18.0′。地处海州湾北岸，距日照市岚山头 33 千米，是山东与江苏两省的界河 —— 绣针河注入黄海的入海口。因是绣针河入海口而得名。又因位于荻水村，称荻水口。荻水村在明朝洪武年间建村，因村周多水塘，遍生荻草，故名。荻水口在清代晚期刊印的《七省沿海全图》中已标注。河口宽约 1 千米，河流长 48 千米，流域面积 370 平方千米。传秦始皇命卢生求仙药，卢生出逃，从该河口出海奔秦山岛。河口北岸是日照市岚山区城区，南岸是连云港市赣榆区柘汪工业区。

下篇

海岛地理实体

HAIDAO DILI SHITI

第九章　群岛列岛

庙岛群岛（Miàodǎo Qúndǎo）

北纬 37°53.5′—38°24.1′，东经 120°35.7′—120°56.7′。位于山东半岛以北烟台市长岛县海域，北北东向纵列于山东半岛与辽东半岛之间的渤海、黄海交界海域。以群岛中之庙岛而得名。庙岛宋代称沙门岛，宋宣和四年（1122 年），福建船民在此建天后宫，又称娘娘庙，庙岛之名即由此而来。曾名长山八岛、眉山列岛等，亦称庙岛列岛、长山列岛。由南长山岛、北长山岛、大黑山岛、小黑山岛和庙岛等 151 个大小海岛组成，陆域总面积 53.828 6 平方千米。南长山岛最大，面积 13.295 1 平方千米；北长山岛次之，面积 7.972 4 平方千米。高山岛最高，海拔 202.8 米。地处渤海下沉带东侧，系在燕山造山运动和喜山造山运动中断裂分离出来的基岩群岛。地表形态为低山丘陵，海岸多呈花边状，形成诸多月牙形港湾。土质主要为棕壤、褐土和潮土。岛上多种植耐旱抗风植物，有黑松、刺槐、泡桐和白杨等，植被覆盖率高，野生中药材有 723 种。属暖温带季风区大陆性气候。年均气温 11.9℃，年均降水量 565.5 毫米。附近渔场盛产对虾、鹰爪虾和鲭鱼等海产品，沿岸浅海是海参、鲍鱼、海胆和扇贝等海珍品产地。

群岛中有居民海岛 10 个，即南长山岛、北长山岛、大黑山岛、小黑山岛、庙岛、砣矶岛、大钦岛、小钦岛、南隍城岛、北隍城岛，2011 年总人口 42 512 人。南长山岛是长岛县人民政府驻地。山东省唯一的海岛县，下辖南长山街道办事处、北长山乡、黑山乡、砣矶镇、大钦岛乡、小钦岛乡、南隍城乡和北隍城乡 8 个乡（镇、街道）。主要产业为海水养殖业、海洋捕捞业和海岛旅游业。养殖方式有筏养、底播、圈养、围网养殖等，品种有海参、鲍鱼、海胆、虾夷扇贝、海带、栉孔扇贝及经济鱼类等。主要名胜古迹有月牙湾、北庄古遗址、庙岛古庙群、宝塔礁等。1982 年，山东省人民政府批准在长岛建立鸟类自然保护区。

1988 年，国务院批准建立长岛自然保护区（国家级），总面积 53 平方千米。1991 年，山东省人民政府批准建立庙岛群岛海洋自然保护区，主要保护对象为暖温带海岛生态系统，拥有多种海蚀、海积等地质遗迹景观，被称为我国目前唯一的海岛国家地质公园。1996 年，建立庙岛群岛海豹自然保护区（省级），总面积 1 731 平方千米，主要保护斑海豹及其生境。

第十章 海 岛

大参礁（Dàshēn Jiāo）

北纬35°08.5′，东经119°55.2′。犹如一只巨大的海参伏于波涛之中，故名。又名平岛东礁。位于平岛东北约1.8千米处。《中国海域地名志》（1989）记为大参礁。1996年《江苏省海底资源综合调查报告》记为平岛东礁。基岩岛。岸线长144米，面积1 235平方米，最高点海拔8.3米。

平岛（Píng Dǎo）

北纬35°08.3′，东经119°54.5′。位于达山岛以南15.1千米处。因岛顶地势较平，故名。又名平山岛、平山、曲福岛。清乾隆元年（1736年）编修的《山东通志·卷二十·海疆志·岛屿》记为曲福岛（日照史称海曲县），《青州府志》亦有相同记载。《中国海域地名志》（1989）记为平岛、平山岛、平山。呈东西走向，窄腰长形，长900米，宽300米，岸线长2.7千米，面积0.144平方千米，最高点海拔47.3米。基岩岛，岛体为前震旦系变质岩，单斜构造，第四纪松散物质较薄，岛周基岩裸露，无贮水构造。生长有法国梧桐、野生草丛。岛上栖息白腰雨燕、扁嘴海雀等多种鸟类。南北两侧各有1座码头，可供百吨级以下船只停靠。有房屋、篮球场、蓄水池、水塔、柴油发电机房、台阶路等基础设施。

达山岛（Dáshān Dǎo）

北纬35°00.5′，东经119°53.5′。西南距车牛山岛6.8千米，北距平岛15.1千米。因岛两端高，中部低，若两山褡裢状，故名“褡裢山”，谐音为达念山，后简称为达山岛。又名褡裢山岛、达念山岛。清道光六年（1826年）陶澍《海运图》注为“褡裢山”。《江苏省兵要地志》（1974）记为达山岛（达念山岛）。《连云区志》（1995）记该岛原称褡裢山岛，后简称为达山岛。呈东南—西北走向，不规则葫芦形。长470米，宽370米，岸线长1.92千米，面积0.115平方千米，最高点海拔50米。基岩岛。顶部较平坦，四周多陡崖，为前震旦系变质岩，单斜构造，第四纪松散物较薄。岛周基岩裸露，无贮水构造。生长阔叶林。岛上栖息白腰雨燕、扁嘴海雀等多种鸟类。建有多处房屋及道路、码头、发电机房、蓄水池、篮球场和风车等基础设施，设有灯塔和通信塔各1座。2006年，达山岛东端建有领海基点方位碑。

达山南岛 (Dáshān Nándǎo)

北纬35°00.4′，东经119°53.4′。距大陆最近点46千米。第二次全国海域地名调查时，因该岛位于达山岛东南20米的海域，故名。基岩岛。岸线长121米，面积826平方米。

花石礁 (Huāshí Jiāo)

北纬35°00.4′，东经119°53.6′。距大陆最近点53千米。因岩石似朵朵海花，故名。《中国海域地名志》(1989)记为花石礁。基岩岛。岛体呈椭圆形，岸线长241米，面积3 072平方米，最高点海拔10.8米。

车牛山岛 (Chēniúshān Dǎo)

北纬34°59.7′，东经119°49.3′。距大陆最近点39.8千米。因岛旁小岛三四，远望之如数牛共挽一车，故名。又名车牛山、牵牛山。清康熙十二年(1673年)编修的《安东卫志》上卷、清乾隆元年(1736年)编修的《山东通志·卷二十·海疆志·岛屿》记为车牛山。清道光六年(1826年)的《海运图》注为“牵牛山”。1985年7月，日照市在岛上设立“中国车牛山岛”地名标志。《中国海域地名志》(1989)记为车牛山岛。呈西北—东南走向，三角形，长400米，宽230米，岸线长1.05千米，面积0.06平方千米，最高点海拔66.2米。基岩岛，岛体为前震旦系变质岩，单斜构造，第四纪松散物质较薄，岛周基岩裸露，地形陡、坡度大，无贮水构造。植被有冬青树、柳树等。有白鹭、银鸥、画眉、黄鹂、百灵鸟、扁嘴海雀、寿带鸟、啄木鸟、戴胜鸟及军舰鸟、黑喉潜鸟等鸟类。近岸砂砾环绕，外围海域以细砂沉积为主，适于刺参等海珍品生长。岛上建有房屋、道路、贮水池、风力发电机、移动信号基站和地震监测等设施。有码头4座，可供100吨以下船舶停靠。有灯塔。

牛尾岛 (Niúwěi Dǎo)

北纬 34°59.4′，东经 119°49.2′。距大陆最近点 47 千米。因与附近一些岛礁共同呈海中浮牛状，此岛像牛尾，故名。又名海鸥岛。《江苏省兵要地志》（1974）和《中国海域地名志》（1989）等记为牛尾岛。《国务院关于江苏省沿海岛、礁、沙地名的批复》(国函字〔1985〕141 号）记为海鸥岛。岛呈南北向，椭圆形，长 80 米，宽 20 米，岸线长 190 米，面积 1 600 平方米，最高点海拔 23.6 米。基岩岛。岛上栖息鹭、银鸥、画眉、黄鹂、百灵鸟和扁嘴海雀等多种鸟类。

牛角岛 (Niújiǎo Dǎo)

北纬 34°59.2′，东经 119°48.6′。距大陆最近点 41.5 千米。因与其他岛礁在海中呈浮牛状，此岛像牛角，故名。又名小白鹭岛。《中国海域地名志》（1989）记为牛角岛。《国务院关于江苏省沿海岛、礁、沙地名的批复》（国函字〔1985〕141 号）和《连云港市志》（2000）记为小白鹭岛。基岩岛。岸线长 230 米，面积 3 900 平方米，最高点海拔 13.8 米。岛上栖息鹭、银鸥、画眉、黄鹂、百灵鸟和扁嘴海雀等多种鸟类。建有航标灯塔 1 座。

牛背岛 (Niúbèi Dǎo)

北纬 34°59.2′，东经 119°48.7′。距大陆最近点 46 千米。因与其他岛屿在海中共同呈浮牛状，此岛像牛背，故名。又名大白鹭岛。《国务院关于江苏省沿海岛、礁、沙地名的批复》(国函字〔1985〕141 号)和《连云港市志》(2000)记为大白鹭岛。1985 年 9 月，中国地名委员会定名为牛背岛，并在岛上设立地名标志碑。呈西北—东南长条形，长 350 米，宽 40 米，岸线长 740 米，面积 0.012 0 平方千米，最高点海拔 29.7 米。基岩岛。岛上栖息鹭、银鸥、画眉、黄鹂、百灵鸟和扁嘴海雀等多种鸟类。

牛犊岛 (Niúdú Dǎo)

北纬 34°59.1′，东经 119°48.9′。距大陆最近点 42.8 千米。因位于牛背岛东侧，似跟随的牛犊，故名。《山东省海岛志》（1995）记为牛犊岛。基岩岛。岸线长 180 米，面积 1 800 平方米，最高点海拔 12 米。

海趣岛 (Hǎiqù Dǎo)

北纬 36°03.3′，东经 120°22.1′。位于青岛市市南区海趣园南部海域，距大陆最近点 40 米。第二次全国海域地名普查时命今名。因位于海趣园附近，故名。基岩岛。岸线长 149 米，面积 468 平方米。无植被。

小青岛 (Xiǎoqīng Dǎo)

北纬 36°03.2′，东经 120°19.1′。位于青岛市市南区胶州湾入海口北侧的青岛湾内，距大陆最近点 300 米。因岛上林岩青翠而得名。该岛因海浪抚岸，有琴瑟之声，又称琴岛；另传 20 世纪 40 年代初东面筑起初具规模的“防波堤”与陆地相接，后有人视其形如琴，故名琴岛。1898 年德军侵占青岛后，称阿克那岛。1914 年日军侵占青岛时，称加藤岛。1933 年我国收复，仍称小青岛，沿用至今。《山东省海岛志》（1995）记为小青岛、琴岛，曾名加藤岛。《山东海情》（2010）和《中国海域地名志》（1989）记为小青岛。岸线长 1.24 千米，面积 0.02 平方千米，最高点高程 17.2 米。基岩岛。原是陆地的一部分，在海浪长年累月的冲蚀雕凿下，渐与陆地分离，现有海堤与陆地相接。岛上绿树葱茏，山岩秀丽。

20 世纪 30 年代初该岛辟为公园，筑有游艇码头。日本二次侵占青岛后，成为日军军事基地，并于 1942 年修筑堤坝与陆地相连，成为陆连岛。岛北侧建有防波大堤，东部与鲁迅公园相毗邻。1988 年再度辟为公园，成为前海的旅游景点。岛上电力及用水皆来自大陆输送。岛最高处矗立一座白色锥形灯塔，是海上过往船只进出胶州湾的重要航标。灯塔由德国人建造，1915 年启用。岛上设有“小青岛”名称标志碑。

海涛石岛 (Hǎitāoshí Dǎo)

北纬 36°03.1′，东经 120°21.7′。位于青岛市市南区海趣园南部海域，距大陆最近点 70 米。第二次全国海域地名普查时命今名。因海水拍打其礁石，犹如惊涛拍岸，发出声响，故名。基岩岛。岸线长 38 米，面积 64 平方米。无植被。

瞭望岛 (Liáowàng Dǎo)

北纬 36°03.1′，东经 120°23.3′。位于青岛市市南区奥帆中心南部海域，距大陆最近点 30 米。《中国海洋岛屿简况》（1980）记为 0862。第二次全国海域地名普查时命今名。因位于奥帆中心瞭望塔附近，故名。基岩岛。岸线长 41 米，面积 118 平方米。无植被。

汇太岛 (Huìtài Dǎo)

北纬 36°02.9′，东经 120°20.9′。位于青岛市市南区八大关风景区南侧、太平湾北侧海域，距大陆最近点 80 米。第二次全国海域地名普查时命今名。因位于汇泉角和太平角之间的海湾内，故名。基岩岛。岸线长 65 米，面积 295 平方米。无植被。

汇泉角南岛 (Huìquánjiǎo Nándǎo)

北纬 36°02.7′，东经 120°20.1′。位于青岛市市南区汇泉湾东南部海域。第二次全国海域地名普查时命今名。因位于汇泉角西南部，故名。基岩岛。岸线长 217 米，面积 1 507 平方米。无植被。

汇泉角尖岛 (Huìquánjiǎo Jiāndǎo)

北纬 36°02.6′，东经 120°20.4′。位于青岛市市南区汇泉湾东南部海域，距大陆最近点 90 米。《山东省海岛志》(1995) 记为汇泉角尖岛。因其位于汇泉角的顶端而得名。基岩岛。岸线长 145 米，面积 671 平方米，最高点高程 8 米。无植被。

太平岛 (Tàipíng Dǎo)

北纬 36°02.6′，东经 120°21.5′。位于青岛市市南区太平湾东南部海域，距大陆最近点 20 米。第二次全国海域地名普查时命今名。因该岛位于太平角附近海区，故名。基岩岛。岸线长 179 米，面积 319 平方米。无植被。岛顶端建有一水泥平台，为临时停靠渔船所用。

小屿 (Xiǎo Yǔ)

北纬 35°57.8′，东经 120°28.8′。位于青岛市市南区南部海域，距大公岛 830 米。《中国海洋岛屿简况》(1980)、《中国海域地名志》(1989)、《山东省海岛志》(1995) 和《山东海情》(2010) 均记为小屿。因岛体较小，故名。基岩岛。岛呈椭圆形。岸线长 685 米，面积 8 416 平方米，最高点高程 41.9 米。无土层，石缝中长有草丛。

大公岛 (Dàgōng Dǎo)

北纬35°57.7′，东经120°29.4′。位于青岛市市南区南部海域，距大陆最近点12.15千米。曾名大龟岛。因从北面远望，该岛状似伏在万顷碧波上的大龟，故俗称大龟岛。后因读音演化，又因位于进出胶州湾航道之要冲，各处船只到该岛避风者颇多，故名。《中国海洋岛屿简况》（1980）和《中国海域地名志》（1989）记为大公岛。基岩岛。岛呈椭圆形，岸线长2.25千米，面积0.165平方千米，最高点高程120米。草木茂盛，周围悬崖高耸、岩缝洞穴密布，有100多种鸟类。周围水域鱼类资源丰富，是青岛近海渔场，主要鱼类有鲈鱼、鲅鱼、比目鱼、黑鲪、真鲷等。2011年有常住人口7人，均为养殖看护人员，周边海域底播养殖海参、鲍鱼等海珍品。岛上建有简易码头2处，可供客货船停靠。有一人工石阶通往岛顶，建有承接沉淀雨水的贮水池2个，养殖看护房多间。岛顶部有国家大地控制点、海域使用动态监视监测塔及风力发电设备2套、太阳能发电板1排、信号塔1座。

大公南岛 (Dàgōng Nándǎo)

北纬35°57.5′，东经120°29.7′。位于青岛市市南区南部海域，距大公岛10米。第二次全国海域地名普查时命今名。因该岛位于大公岛东南角，故名。基岩岛。岸线长74米，面积223平方米。无植被。

西禾石岛 (Xīhéshí Dǎo)

北纬35°59.9′，东经120°18.5′。位于青岛市黄岛区金沙滩东北部海域，距大陆最近点100米。西禾石岛为当地群众惯称。基岩岛。岸线长69米，面积271平方米。无植被。

陆子石 (Lùzǐ Shí)

北纬35°59.2′，东经120°18.1′。位于青岛市黄岛区金沙滩东北部海域，距大陆最近点170米。陆子石为当地群众惯称。基岩岛。岸线长64米，面积147平方米。无植被。

黑石线 (Hēishíxiàn)

北纬35°59.0′，东经120°18.0′。位于青岛市黄岛区金沙滩东北部海域，距大陆最近点 60 米。黑石线为当地群众惯称。基岩岛。岸线长 93 米，面积 307 平方米。无植被。

驴子石 (Lǘzi Shí)

北纬 35°58.2′，东经 120°17.2′。位于青岛市黄岛区金沙滩东部海域，距大陆最近点 30 米。驴子石为当地群众惯称。基岩岛。岸线长 227 米，面积 1 013 平方米。无植被。岛上建有养殖看护房 3 间，周边建有围堰池坝。电力来自陆地。

大青石岛 (Dàqīngshí Dǎo)

北纬 35°58.2′，东经 120°17.1′。位于青岛市黄岛区金沙滩东部海域，距大陆最近点 90 米。大青石岛为当地群众惯称。基岩岛。岸线长 48 米，面积 144 平方米。无植被。岛上建有养殖看护房 2 间，岛西侧建有围堰养殖池。电力来自陆地，淡水来自大陆运输。

南庄大黄石 (Nánzhuāng Dàhuáng Shí)

北纬 35°58.2′，东经 120°17.0′。位于青岛市黄岛区金沙滩东部海域，距大陆最近点 60 米。因海岛礁石表面呈黄色得名大黄石。因省内重名且位于南庄附近海域，第二次全国海域地名普查时更为今名。基岩岛。岸线长 93 米，面积 316 平方米。无植被。岛上建有养殖看护房，岛西侧建有围堰养殖池。电力来自陆地，淡水来自大陆运输。

象外岛 (Xiàngwài Dǎo)

北纬 35°56.9′，东经 120°14.4′。位于青岛市黄岛区金沙滩西南部海域，距大陆最近点 20 米。《山东省海岛志》（1995）记为象外岛。因岛形似大象，且与象里岛相比位于大海外边，故名。基岩岛。岸线长 212 米，面积 2 395 平方米，最高点高程 8.6 米。无植被。该岛与大陆间仅隔一潮沟，高潮时水深 1.5 米，低潮时干出。岛东北约 150 米范围内有九处圆形干出礁，像九头大象出没于波涛之中。周围礁石密布，砾滩广阔，藻类资源丰富，适合海珍品生长，有鲈鱼、鳗鱼等较多鱼类。岛上建有养殖大棚 1 个，岛边缘有养殖池。有简易公路。电力来自大陆。

象里岛 (Xiànglǐ Dǎo)

北纬 35°56.8′，东经 120°14.4′。位于青岛市黄岛区金沙滩西南部海域，距大陆最近点 110 米。因岛形似大象，且与象外岛相比位于大海里边，故名。又名象脖子。《山东省海岛志》（1995）记为象里岛、象脖子。基岩岛。岸线长 421 米，面积 4 937 平方米，最高点高程 9.7 米。无植被。与象外岛之间有一条长约 70 米、宽约 10 米的沙脊。低潮时与陆地相连，形如岬角。周围礁石密布，砾滩广阔，藻类资源丰富，适合海珍品生长，有鲈鱼、鳗鱼等较多鱼类。岛上建有养殖看护房 3 栋，周边建有养殖池。电力来自大陆。

象垠子岛 (Xiàngyínzi Dǎo)

北纬 35°56.8′，东经 120°14.4′。位于青岛市黄岛区金沙滩西南部海域，距大陆最近点 170 米。《山东省海岛志》（1995）记为象垠子岛。高潮时该岛像一头大象依偎在“巨象”象里岛旁边，“垠”即边的意思，故名。又名象垠子。基岩岛。岸线长 135 米，面积 1 108 平方米，最高点高程 8.7 米。无植被。与象里岛之间有一条宽 10～50 米的水沟，水深约 2 米。藻类、贝类和鱼类资源丰富。岛上建有养殖看护房 2 间，周边建有围堰养殖池。

竹岔岛 (Zhúchà Dǎo)

北纬 35°56.6′，东经 120°18.5′。位于青岛市黄岛区，距大陆最近点 2.78 千米。又名鸡鸣岛。古时，岛上野竹成林，且与脱岛、大石岛、小石岛连片，将海水分成几个海岔，故名竹岔岛。因古时一渔船在海上海雾弥漫中遇险，危急中，听到岛上鸡鸣声，循声得救而得名鸡鸣岛。又因该岛海域古为渔场，20 世纪 30 年代青岛当局在岛上驻警稽查，以防海盗抢劫渔船，曾称稽查岛。中华人民共和国成立后，此名逐渐销声匿迹。《中国海洋岛屿简况》（1980）和《中国海域地名志》（1989）记为竹岔岛。基岩岛。岸线长 3.56 千米，面积 0.355 3 平方千米，最高点高程 34.4 米。周边海域主产海参、鲍鱼和石花菜等海珍品。

有居民海岛。2011 年有户籍人口 661 人，常住人口 584 人，主要从事渔业捕捞和养殖。1988 年通过海底电缆正式通电，1996 年岛上安装数字微波通信设施，2002 年在村西海岸 50 米渔港码头基础上，扩建 1 座 300 吨级旅游交通码头。

岛上建有灯塔 1 座。有保护完好的火山口地貌熔岩流及神龟孵卵、二郎担山、鸳鸯洞等风景名胜。

大石岛（Dàshí Dǎo）

北纬 35°56.5′，东经 120°19.5′。位于青岛市黄岛区竹岔岛东部海域，距竹岔岛 900 米。又名石岛子、大小连岛、大石。因与东侧小石岛同处一个礁盘上，且该岛面积较大，故名。《中国海洋岛屿简况》（1980）记为石岛子。《山东海情》（2010）和《中国海域地名志》（1989）记为大石岛。《山东省海岛志》（1995）载：大石岛和小石岛呈东西排布，高潮时被水分隔，低潮时相连，故又合称大小连岛、石岛子。基岩岛。岸线长 697 米，面积 0.018 9 平方千米，最高点高程 19 米。岛上有少量植被。周边海域底播养殖海参、鲍鱼等。岛上有养殖看护房 1 间、小型风力发电机 1 台。

小石岛（Xiǎoshí Dǎo）

北纬 35°56.5′，东经 120°19.6′。位于青岛市黄岛区竹岔岛东部海域，距竹岔岛 1.14 千米。又名石岛子、大小连岛。因与西侧大石岛同处一个礁盘上，且该岛面积较小，故名。《山东海情》（2010）和《中国海域地名志》（1989）记为小石岛。《山东省海岛志》（1995）载：大石岛和小石岛呈东西排布，高潮时被水分隔，低潮时相连，故又合称大小连岛、石岛子。基岩岛。岸线长 521 米，面积 8 831 平方米，最高点高程 17.8 米。无植被。周边海域底播养殖海参、鲍鱼。岛上有养殖看护房多间、小型风力发电机、太阳能发电板、蓄水池等。建有红白相间灯塔 1 座。

脱岛（Tuō Dǎo）

北纬 35°56.5′，东经 120°19.1′。位于青岛市黄岛区竹岔岛东部海域，距竹岔岛 300 米。因其与竹岔岛同处一个礁盘，落潮时与之相连，涨潮时被海水分离，故称脱岛。因该岛顶端呈圆形，形似槟榔，又名槟榔岛。《中国海洋岛屿简况》（1980）记为脱岛。《中国海域地名志》（1989）和《山东省海岛志》（1995）记为脱岛、槟榔岛。基岩岛。岸线长 2.03 千米，面积 0.100 9 平方千米，最高点高程 53 米。岛东南海岸绝壁下有一天然石洞，深约 25 米，潮退后可容百余人；

洞内另有一室，退潮后亦可容数十人。周边海域底播养殖海参、鲍鱼。2011 年有常住人口 3 人。岛上有养殖看护房数栋及水井、蓄水池，电力来自竹岔岛。有国家大地控制点、国家水准点。

老泉石 (Lǎoquán Shí)

北纬 35°56.3′，东经 120°13.3′。位于青岛市黄岛区，距大陆最近点 140 米。老泉石为当地群众惯称。基岩岛。岸线长 38 米，面积 107 平方米。无植被。

牛岛 (Niú Dǎo)

北纬 35°55.9′，东经 120°10.7′。位于青岛市黄岛区唐岛湾内，距大陆最近点 310 米。一说因岛上草木生长旺盛，多在岛上牧牛，故名；二说因岛形似牛，故称牛岛。因当地“牛”“游”音相同，曾称游岛。《中国海洋岛屿简况》（1980）记为牛岛。《中国海域地名志》（1989）和《山东省海岛志》（1995）记为牛岛（南）。基岩岛。岸线长 1.48 千米，面积 0.108 平方千米，最高点高程 17.1 米。岛上有养殖看护房 1 栋、小型风力发电机 2 台。建有 10 吨级、4 个泊位的渔业码头 1 个。

唐岛 (Táng Dǎo)

北纬 35°54.5′，东经 120°09.4′。位于青岛市黄岛区唐岛湾西南部海域，距大陆最近点 260 米。清乾隆《胶州志・古迹》载：“唐太宗征高丽曾驻师于此，故名。”《中国海洋岛屿简况》（1980）、《中国海域地名志》（1989）和《山东省海岛志》（1995）均记为唐岛。基岩岛。岸线长 1.52 千米，面积 0.080 4 平方千米，最高点高程 19.5 米。岛上建有养殖看护房，周围底播养殖海参、鲍鱼等。该岛所处唐岛湾已发展为旅游名胜区。

外连岛 (Wàilián Dǎo)

北纬 35°53.8′，东经 120°11.6′。位于青岛市黄岛区，距大陆最近点 240 米。《山东省海岛志》（1995）记为外连岛。该岛与附近两岛（中连岛和里连岛）合称“连三岛”，因其远离大陆一侧（俗称外）与中连岛相连，故名。基岩岛。岸线长 574 米，面积 0.011 7 平方千米，最高点高程 5.8 米。该岛形如低丘，与大陆及中连岛间有潮沟，低潮时干出，相互连通。岛上长有少许草丛。2011 年有常住人口 3 人。岛上建有养殖看护房数栋，周边建有养殖池，电力与淡水均由大陆供给。

连子岛（Liánzǐ Dǎo）

北纬 35°53.8′，东经 120°11.6′。位于青岛市黄岛区，距大陆最近点 290 米。《山东省海岛志》（1995）记为连子岛。因其位于连三岛一侧，就像孩子一样紧靠连三岛，故名。为隆起的岩礁，退潮时与中连岛相连，高潮时被一条 3 米宽潮沟分开，形成独立海岛。岸线长 353 米，面积 4 810 平方米，最高点高程 7.1 米。岛上长有少许草丛。2011 年有常住人口 3 人。岛上建有养殖看护房数栋，周边建有养殖池，电力与淡水均由大陆供给。

中连岛（Zhōnglián Dǎo）

北纬 35°53.7′，东经 120°11.7′。位于青岛市黄岛区，距大陆最近点 300 米。《山东省海岛志》（1995）记为中连岛。该岛与附近两岛（里连岛和外连岛）合称“连三岛”，因其位于中间位置，故名。基岩岛。岸线长 671 米，面积 0.018 1 平方千米，最高点高程 10.6 米。该岛为中连岛群的主岛，中连岛群由外连、中连、里连、连子四岛组成，低潮时互相连通，且与陆地相连，高潮时成为四个独立海岛。岛上土层较厚。乔木以黑松为主，有 400 余棵，其次是刺槐，草丛繁茂，植被覆盖面积约 60%。岛上有少量耕地，种植花生等农作物。周边海域底播养殖海参、鲍鱼等。2011 年有常住人口 10 人。岛上有养殖看护房数栋及小型民用风力发电机，电力和淡水由大陆供给。

里连岛（Lǐlián Dǎo）

北纬 35°53.6′，东经 120°11.7′。位于青岛市黄岛区，距大陆最近点 560 米。又名连岛。该岛与附近两岛（中连岛和外连岛）合称“连三岛”，因其靠近大陆一侧（俗称里）与中连岛相连，故名。《中国海洋岛屿简况》（1980）记为连岛。《山东省海岛志》（1995）记为里连岛。基岩岛。岸线长 640 米，面积 0.012 5 平方千米，最高点高程 10.8 米。与中连岛间有一条宽约 50 米的潮沟，高潮时水深约 4 米，低潮时干出，两岛连通。岛上有黑松 300 余棵，山草茂密，植被覆盖面积约 60%。有少量耕地，周边有养殖池。2011 年有常住人口 5 人。岛上建有养殖看护房 5 栋、水窖 1 口，电力和淡水由大陆供给。

老灵石 (Lǎolíng Shí)

北纬 35°53.1′，东经 120°09.9′。位于青岛市黄岛区，距大陆最近点 660 米。老灵石为当地群众惯称。基岩岛。岸线长 105 米，面积 423 平方米。无植被。岛上有灯塔 1 座。

黄石岚 (Huángshí Lán)

北纬 35°51.7′，东经 120°03.0′。位于青岛市黄岛区灵山湾东北部海域，距大陆最近点 330 米。黄石岚为当地群众惯称。基岩岛。岸线长 36 米，面积 85 平方米。无植被。

大崮子 (Dà Gùzi)

北纬 35°51.3′，东经 120°02.9′。位于青岛市黄岛区灵山湾东北部海域，距大陆最近点 730 米。大崮子为当地群众惯称。基岩岛。岸线长 16 米，面积 19 平方米。无植被。

东央石 (Dōngyāng Shí)

北纬 35°51.3′，东经 120°02.9′。位于青岛市黄岛区灵山湾东北部海域，距大陆最近点 730 米。东央石为当地群众惯称。基岩岛。岸线长 20 米，面积 30 平方米。无植被。

灵山岛 (Língshān Dǎo)

北纬 35°46.3′，东经 120°09.7′。位于青岛市黄岛区，距大陆最近点 10.57 千米。又名灵山、水灵山岛。清乾隆《灵山卫志·山川岛屿》记载："在卫城（灵山卫）正南海中……嵌露刻秀，俨如画屏，屹立于巨浸之土。草色山光，翠然夺目……林木茂密，不生毒虫。《类书》云：未雨而云，先日而曙，若有灵焉，故名灵山。"《胶澳志》记为水灵山岛，现称灵山岛。《中国海洋岛屿简况》（1980）、《中国海域地名志》（1989）和《山东省海岛志》（1995）均记为灵山岛。岸线长 17.2 千米，面积 7.882 3 平方千米，最高点高程 513.6 米，为中国第三高岛，中国北方第一高岛。典型火山岛，火山喷发降落之角砾岩历经风化剥蚀形成锯齿状山脊，发育成 56 座大小山头，其中高峰 7 ～ 8 座，如灵山、歪头山等。岛东南受海水侵蚀，形成造型奇特的海蚀地貌。岛上林地覆盖率达70%。有少量耕地，种植花生等农作物。周边海域围堰养殖海参、鲍鱼等及筏式养殖牡蛎、扇贝等贝类。

有居民海岛。有3个行政村，12个自然村。2011年有户籍人口2 472人，常住人口2 250人，主要从事渔业捕捞和养殖。坐落在城子口村的浮翠亭，为灵山岛标志性建筑。岛上有“水灵山岛”名称标志。公共服务设施齐全，建有幼儿园、小学、中学、邮政局、医务所、派出所等。有自来水井供生活用水。电力由海底电缆从大珠山提供。有修造船厂1处并建有码头1座，供游船和补给船停靠。岛上有灵山北灯桩、灵山南灯桩、城口灯桩、灵山岛北部灯塔。

小牙岛 (Xiǎoyá Dǎo)

北纬35°47.4′，东经120°10.6′。位于青岛市黄岛区灵山岛北部海域，距灵山岛160米。《山东海情》（2010）记为牙石岛南部礁石。基岩岛。岸线长129米，面积900平方米，最高点高程5米。长有少量野草、灌木。

试刀石 (Shìdāo Shí)

北纬35°46.1′，东经120°10.6′。位于青岛市黄岛区灵山岛东北部海域，距灵山岛10米。《山东省海岛志》（1995）灵山岛示意图中记为试刀石。相传有一年海盗入侵灵山岛，岛上一位渔家好汉率众乡亲来到海边，为试刀锋挥刀削去这个山角，海盗吓得抱头鼠窜。后人们将这块被削下的山角称为“试刀石”。基岩岛。岸线长588米，面积7 736平方米，最高点高程36米。长有少许草丛。周边建有围堰养殖池。

洋礁北岛 (Yángjiāo Běidǎo)

北纬35°45.4′，东经120°11.2′。位于青岛市黄岛区灵山岛东部海域，距灵山岛20米。第二次全国海域地名普查时命今名。因位于洋礁岛北侧，故名。基岩岛。岸线长125米，面积883平方米。无植被。

礁黄礁 (Jiāohuáng Jiāo)

北纬35°44.5′，东经120°09.9′。位于青岛市黄岛区灵山岛南部海域，距灵山岛30米。因礁石表面呈黄色，故名。基岩岛。岸线长24米，面积39平方米。

无植被。

胡南岛 (Hú'nán Dǎo)

北纬 35°45.3′，东经 120°01.9′。位于青岛市黄岛区灵山湾西南部海域，距大陆最近点 20 米。基岩岛。岸线长 122 米，面积 452 平方米。无植被。该岛已成为海参养殖池围堰的一部分。

斋堂岛 (Zhāitáng Dǎo)

北纬 35°37.8′，东经 119°55.4′。位于青岛市黄岛区琅琊台东南部海域，隶属于青岛市黄岛区，距大陆最近点 890 米。清乾隆《诸城县志·山川考》载：岛上有斋堂，是“秦始皇(登琅琊台时)侍从斋戒之处”，故名。过去岛上有座“斋堂”，后遭毁坏，但遗迹犹存。《中国海洋岛屿简况》（1980）和《中国海域地名志》（1989）记为斋堂岛。基岩岛。岸线长 6.55 千米，面积 0.411 1 平方千米。该岛分南岛和北岛，南岛高 69.6 米，北岛高 27 米，两岛间有一狭长堤坝连接。

有居民海岛。2011 年有户籍人口 1 148 人，主要从事农林牧业和渔业。岛上有少量耕地，种植玉米、花生等农作物。岛周围建有养殖池，周围海域底播养殖海参、鲍鱼等。有修造船厂 1 处、码头 2 座、国家大地控制点 1 个、信号塔 1 座。岛上淡水和电力来自大陆。

大栏头 (Dàlántóu)

北纬 35°37.8′，东经 119°55.7′。位于青岛市黄岛区斋堂岛东部海域，距斋堂岛 100 米。因该岛与斋堂岛间有暗礁相连，岛屿所处位置如石栏尽头，故名。基岩岛。岸线长 53 米，面积 173 平方米，最高点高程 4.1 米。无植被。

沐官岛 (Mùguān Dǎo)

北纬 35°35.8′，东经 119°40.0′。位于青岛市黄岛区棋子湾南部海域，隶属于青岛市黄岛区，距大陆最近点 1.51 千米。又名慕官岛。清乾隆《诸城县志·山川考》载：秦始皇登琅琊台时，此地系侍官斋沐之所，故名。《中国海洋岛屿简况》（1980）记为慕官岛。《中国海域地名志》（1989）和《山东省海岛志》（1995）记为沐官岛。基岩岛。岸线长 3.24 千米，面积 0.277 9 平方千米，最高点高程 12.1 米。系大陆岛，因大陆部分下陷、海水隔断而成，大潮低潮时沿该岛北部海滩沙坝向北可徒步登陆。

有居民海岛。2011 年有户籍人口 387 人，常住人口 165 人，主要从事渔业养殖。岛上有耕地，种植玉米、大豆、花生及果树等。周边海域开展贝类滩涂养殖及海参围堰养殖等。岛上有淡水井 3 眼，电力由海底电缆从大陆提供。建有码头、移动信号塔。有国家大地控制点。

沐官南一岛 (Mùguān Nányī Dǎo)

北纬 35°35.3′，东经 119°44.0′。位于青岛市黄岛区沐官岛南部海域，距沐官岛 50 米。《山东海情》(2010) 记为沐官岛附近礁石 (3)。位于沐官岛南侧的小岛之一，按逆时针加序数得名。基岩岛。岸线长 67 米，面积 173 平方米。无植被。该岛部分礁石成为海参养殖池围堰的一部分。

沐官南二岛 (Mùguān Nán'èr Dǎo)

北纬 35°35.2′，东经 119°44.2′。位于青岛市黄岛区沐官岛南部海域，距沐官岛 160 米。《山东海情》(2010) 记为沐官岛附近礁石 (2)。位于沐官岛南侧的小岛之一，按逆时针加序数得名。基岩岛。岸线长 39 米，面积 111 平方米。无植被。岛上建有养殖看护房，周边有海参养殖池。

沐官南三岛 (Mùguān Nánsān Dǎo)

北纬 35°35.2′，东经 119°44.2′。位于青岛市黄岛区沐官岛南部海域，距沐官岛 180 米。位于沐官岛南侧的小岛之一，按逆时针加序数得名。基岩岛。岸线长 93 米，面积 495 平方米。无植被。岛上建有养殖看护房，周边有海参养殖池。

沐官南四岛 (Mùguān Nánsì Dǎo)

北纬 35°35.2′，东经 119°44.2′。位于青岛市黄岛区沐官岛南部海域，距沐官岛 180 米。位于沐官岛南侧的小岛之一，按逆时针加序数得名。基岩岛。岸线长 79 米，面积 407 平方米。无植被。岛上建有养殖看护房，周边有海参养殖池。

大连岛 (Dàlián Dǎo)

北纬 35°35.1′，东经 119°44.2′。位于青岛市黄岛区沐官岛南部海域，距沐官岛 400 米。落大潮时，沐官岛附近有两处海岛与其相连，该岛为这两处海岛中面积较大的一处，故名。基岩岛。岸线长 92 米，面积 486 平方米。无植被。岛上建有养殖看护房，周边有养殖池。

三尖岛 (Sānjiān Dǎo)

北纬 35°35.2′，东经 119°45.2′。位于青岛市黄岛区棋子湾东南部海域，距大陆最近点 170 米。三尖岛为当地群众惯称。基岩岛。岸线长 68 米，面积 291 平方米。无植被。

兔子岛 (Tùzi Dǎo)

北纬 36°16.4′，东经 120°42.8′。位于青岛市崂山区崂山湾西北部海域，距小管岛 450 米。《中国海洋岛屿简况》(1980)、《山东省海岛志》(1995) 和《中国海域地名志》(1989) 均记为兔子岛。因纵观全岛，恰如头南身北的卧兔，故名。基岩岛。岸线长 967 米，面积 0.044 5 平方千米，最高点高程 29.7 米。岛上有民房数间，是附近居民在岛上养殖时的暂住居所。日常所需淡水通过收集雨水维持，建有风力发电装置 2 套，并架有电缆和水管。周边海域养殖海参、鲍鱼等。

基准岩 (Jīzhǔn Yán)

北纬 36°15.1′，东经 120°42.4′。位于青岛市崂山区崂山湾西北部海域，距大陆最近点 2.44 千米。因该岛位于文武港航道要冲，船只过往必须以此岩为"基准"航标，故名。《山东海情》(2010) 记为兔子岛南部礁石。基岩岛。岸线长 42 米，面积 124 平方米，最高点高程 5 米。花岗岩基质，高潮时露出少许岩石，低潮时露出水面 3.5 米。无植被。岛上有航标灯塔 1 座。

马儿岛 (Mǎr Dǎo)

北纬 36°13.8′，东经 120°48.9′。位于青岛市崂山区崂山湾中部海域，距大管岛 4.01 千米。《中国海洋岛屿简况》(1980)、《山东省海岛志》(1995) 和《中国海域地名志》(1989) 均记为马儿岛。因该岛远望似马，故名。基岩岛。岸线长 2.28 千米，面积 0.155 3 平方千米，最高点高程 59.4 米。岛上有少量耕地，有民房多间，淡水井 1 口。电力依靠海底电缆供给。

狮子岛（Shīzi Dǎo）

北纬 36°13.7′，东经 120°43.9′。位于青岛市崂山区崂山湾西部海域，距大陆最近点 4.39 千米。《中国海洋岛屿简况》（1980）、《山东省海岛志》（1995）和《中国海域地名志》（1989）均记为狮子岛。因遥望该岛，酷似两只昂首怒吼的狮子，故名。基岩岛。岸线长 1.66 千米，面积 0.040 3 平方千米，最高点高程 37.7 米。岛上有养殖看护房多间。日常所需淡水来自收集的雨水，建有太阳能和风力发电装置。周边海域开展海参、鲍鱼养殖。

狮子岛东岛（Shīzidǎo Dōngdǎo）

北纬 36°13.8′，东经 120°44.1′。位于青岛市崂山区崂山湾西部海域，狮子岛以东，距狮子岛 20 米。因其位于狮子岛东侧，第二次全国海域地名普查时命今名。基岩岛。岸线长 57 米，面积 145 平方米。无植被。

狮子岛西岛（Shīzidǎo Xīdǎo）

北纬 36°13.7′，东经 120°43.6′。位于青岛市崂山区崂山湾西部海域，狮子岛以西，距狮子岛 152 米。因其位于狮子岛西侧，第二次全国海域地名普查时命今名。基岩岛。岸线长 26 米，面积 34 平方米。无植被。

女儿岛（Nǚ'ér Dǎo）

北纬 36°12.8′，东经 120°44.4′。位于青岛市崂山区崂山湾西部海域，距大陆最近点 4.77 千米。《中国海洋岛屿简况》（1980）、《山东省海岛志》（1995）和《中国海域地名志》（1989）均记为女儿岛。据传自大管岛到该岛采集海产者多系妇女，故名；亦相传，古时有一女子在该岛生一女孩而得名。基岩岛。岸线长 547 米，面积 0.014 8 平方千米，最高点高程 50 米。周围海域产鲍鱼、海参、海螺、贝类和石花菜等。

南屿（Nán Yǔ）

北纬 36°12.6′，东经 120°44.5′。位于青岛市崂山区崂山湾西部海域，距女儿岛 90 米。《山东省海岛志》（1995）记为南屿。因该岛位于女儿岛南部且面积较小，故名。基岩岛。岸线长 452 米，面积 6 984 平方米，最高点高程 16 米。长有草丛。

七星岩岛（Qīxīngyán Dǎo）

北纬 36°10.7′，东经 120°57.0′。位于青岛市崂山区崂山湾东南部海域。《山东省海岛志》（1995）记为七星岩岛。七星岩岛为当地群众惯称。基岩岛。岸线长 471 米，面积 6 458 平方米，最高点高程 36.1 米。长有草丛、灌木。

西砣子（Xī Tuózi）

北纬 36°10.4′，东经 120°56.6′。位于青岛市崂山区崂山湾东南部海域。《山东省海岛志》（1995）记为西砣子。因该岛形如馒头，且其地理位置在长门岩南岛和长门岩北岛的西侧，故名。基岩岛。岸线长 677 米，面积 0.016 6 平方千米，最高点高程 28.2 米。长有草丛。

崂山黄石（Láoshān Huángshí）

北纬 36°10.2′，东经 120°41.4′。位于青岛市崂山区崂山湾西南部海域，距大陆最近点 60 米。因其岩石呈黄色，位于崂山区东部附近海域，故名。基岩岛。岸线长 100 米，面积 159 平方米，最高点高程 4 米。无植被。该岛已成为海参养殖池围堰的一部分。

老公岛（Lǎogōng Dǎo）

北纬 36°06.0′，东经 120°37.0′。位于青岛市崂山区崂山风景区南部海域，距大陆最近点 1.4 千米。《中国海洋岛屿简况》（1980）、《中国海域地名志》（1989）和《山东省海岛志》（1995）均记为老公岛。该岛地处流清河湾正南，是老艄公驶船进出港湾的重要标志，故名。又名劳公岛。因其岛顶呈蘑菇状，远看形似鲍鱼，亦称鲍鱼岛。基岩岛。岸线长 987 米，面积 0.026 平方千米，最高点高程 49.5 米。该岛系孤立岩石，东部为断崖，西北暗礁在海中延续 450 多米。岛东侧和西南侧各有一山洞。周围水较深，两端礁石密布，多藻类、鱼类，周边海域有海参、鲍鱼等海珍品分布。岛顶部平坦，开垦种植玉米、花生等农作物。岛上有养殖看护房 3 间、风车 1 座、信号航标 1 座。无淡水水源，靠陆地输送。

老公岛北岛（Lǎogōngdǎo Běidǎo）

北纬 36°06.1′，东经 120°36.9′。位于青岛市崂山区老公岛以北，距老公岛

120 米。因其位于老公岛西北侧，故名。基岩岛。岸线长 47 米，面积 147 平方米。无植被。

大福岛（Dàfú Dǎo）

北纬 36°05.7′，东经 120°34.9′。位于青岛市崂山区崂山风景区南部海域，距大陆最近点 330 米。曾名大徐福岛、徐福岛。据传，秦始皇遣徐福求仙药由此乘船东去，曾取名大徐福岛。清同治《即墨县志》记载："徐福岛，县东南五十里，相传徐福求仙住此，故名。"元代以来，海运肇兴，该岛遂改名为大福岛。《中国海洋岛屿简况》（1980）、《中国海域地名志》（1989）和《山东省海岛志》（1995）均记为大福岛。岸线长 4.51 千米，面积 0.565 平方千米，最高点高程 87.5 米。该岛为花岗岩基质，南部平坦处土层较厚。有地下淡水。岛上植物有松、柞、刺槐和石竹子等，植被面积约占 70％。周围海域鱼类资源丰富，并有海参、鲍鱼等海珍品。

大福岛南岛（Dàfúdǎo Nándǎo）

北纬 36°05.3′，东经 120°35.0′。位于青岛市崂山区大福岛南部海域，距离大福岛 70 米。因其位于大福岛南侧，故名。基岩岛。岸线长 82 米，面积 195 平方米。无植被。有约 6 米高灯塔 1 座。

小福岛（Xiǎofú Dǎo）

北纬 36°05.8′，东经 120°34.5′。位于青岛市崂山区崂山风景区南部海域，大福岛东南 300 米处，距大陆最近点 810 米。《中国海洋岛屿简况》（1980）、《中国海域地名志》（1989）和《山东省海岛志》（1995）均记为小福岛。因该岛毗邻大福岛，且面积较小，故名。又名小香岛。岸线长 537 米，面积 0.012 9 平方千米，最高点高程 10.6 米。基岩岛，石质为凝灰岩，表层黄沙土，杂草丛生，野花遍地，植被面积约 60％。周围海域藻类资源丰富，自然生长的海参和鲍鱼数量较多。

处处乱（Chùchùluàn）

北纬 36°05.7′，东经 120°32.9′。位于青岛市崂山区崂山风景区南部海域，距大陆最近点 90 米。因岛无主峰，且岩石错综紊乱，故名。俗称"搐搐峦"，揺揺意为褶皱。又名处处兰。《中国海洋岛屿简况》（1980）记为处处兰。《中国海域地名志》（1989）记为处处乱。基岩岛。岸线长 429 米，面积 1 730 平方米，最高点高程 8 米。无植被。周围海域产鲍鱼、海参、海螺等。2011 年有常住人口 2 人。岛上有简易码头、养殖看护房 1 间、风力发电机 1 台及灯塔 1 座。

石老人 (Shílǎorén)

北纬 36°05.3′，东经 120°29.5′。位于青岛市崂山区石老人风景区南部海域，距大陆最近点 100 米。相传，石老人原是居住在午山脚下的一个勤劳善良的渔民，与聪明美丽的女儿相依为命。不料一天女儿被龙太子抢进龙宫，可怜的老公公日夜在海边呼唤，望眼欲穿，不顾海水没膝，直盼得两鬓全白，腰弓背驼，仍执着地守候在海边。后来趁老人坐在水中拄腮凝神之际，龙王施展魔法，使老人身体渐渐僵化成石，成为“石老人”。基岩岛。岸线长 32 米，面积 67 平方米，最高点高程 17 米。无植被。该岛为石老人风景区的标志性景点。

驼篓岛 (Tuólǒu Dǎo)

北纬 36°04.7′，东经 120°35.1′。位于青岛市崂山区大福岛南部海域，距大福岛 1.07 千米。《中国海洋岛屿简况》（1980）、《中国海域地名志》（1989）和《山东省海岛志》（1995）均记为驼篓岛。因岛形中间凹，两头凸，酷似驼篓而得名。当地俗称鲈鱼为寨花，因附近盛产鲈鱼，又称寨花岛。因全岛为岩礁，又有石岛之名。基岩岛。岸线长 444 米，面积 7 432 平方米，最高点高程 17 米。北坡陡，南坡缓，岛上凹处有一小湾，长有芦苇。周围海域盛产鲍鱼、白鳗、鲈鱼和黑鲷等。岛上建有灯塔 1 座，灯塔东侧建有水泥房屋 1 间。

赤岛 (Chì Dǎo)

北纬 36°04.0′，东经 120°27.7′。位于青岛市崂山区极地海洋世界景区东部海域，距大陆最近点 1.59 千米。《中国海洋岛屿简况》（1980）、《中国海域地名志》（1989）和《山东省海岛志》（1995）均记为赤岛。因岛上岩石多呈红色而得名。岛呈三角形，岸线长 1.11 千米，面积 0.014 9 平方千米，最高点高程 8.1 米。该岛为裸露岩礁，花岗岩基质，周围多礁石，无植被。周围海域有鲍鱼、海参、小黄鱼、鳗鱼、黑鲷等。2011 年有常住人口 1 人。岛北侧和西侧各有 1 处简易码头，建有信号塔 1 座、养殖看护房 6 间。岛上无淡水，淡水靠陆地输送。

赤岛西岛（Chìdǎo Xīdǎo）

北纬 36°04.0′，东经 120°27.7′。位于青岛市崂山区赤岛西部海域，距赤岛 50 米。因其位于赤岛西北侧而得名。基岩岛。岸线长 36 米，面积 86 平方米。无植被。

赤岛南岛（Chìdǎo Nándǎo）

北纬 36°03.9′，东经 120°27.8′。位于青岛市崂山区赤岛东南部海域，距赤岛 30 米。因其位于赤岛东南侧而得名。基岩岛。岸线长 35 米，面积 83 平方米。无植被。

小公岛（Xiǎogōng Dǎo）

北纬 35°59.8′，东经 120°35.0′。位于青岛市崂山区崂山风景区南部海域，距大陆最近点 11.45 千米。因该岛靠近大公岛且面积较小，故称小公岛。又因该岛顶部圆如车轮，也称车轱岛，清同治《即墨县志》记为车公岛。《中国海洋岛屿简况》（1980）、《中国海域地名志》（1989）和《山东省海岛志》（1995）均记为小公岛。岸线长 596 米，面积 0.01 平方千米，最高点高程 37 米。该岛为花岗岩基质。植物生长茂密，有山枣、黄花菜、野山参、山茅草、鹅观草等，植被覆盖率约 80%。该岛与小公南岛之间仅隔一条断裂形成的潮沟，宽 3～10 米，低潮时水深 3～5 米。岛上有废弃房屋 1 间，房屋后建有航标灯塔。

小公南岛（Xiǎogōng Nándǎo）

北纬 35°59.7′，东经 120°35.1′。位于青岛市崂山区小公岛南部海域，距小公岛 10 米。《山东省海岛志》（1995）记为小公南岛。因该岛位于小公岛南部而得名。基岩岛。岸线长 638 米，面积 0.016 6 平方千米，最高点高程 23.1 米。岛北侧、西侧和南侧为悬崖峭壁，东部为斜坡，岛顶呈馒头形隆起，有较薄土层，生长野山参、山茅草等，植被覆盖率约 40%。海岛潮间带长有马尾藻、裙带菜等大型藻类。周边海区水深 20 多米，底播海参、鲍鱼。2011 年有常住居民 1 人，养殖看护房 1 间。有国家大地控制点 1 个。

朝连岛 (Cháolián Dǎo)

北纬 35°53.8′，东经 120°52.9′。位于青岛市崂山区崂山湾以南海域，距大陆最近点 30.33 千米。又名潮连岛，曾名褡连岛、沧舟岛、沧州岛、窄连岛。因岛东西两端各有一个小屿，落潮时与主岛接连（人可通行），故名潮连岛。又因两端低中间高，形似钱褡子，又名褡连岛。因远望像一条船，似沧海一舟，亦称沧舟岛。《中国海洋岛屿简况》（1980）、《中国海域地名志》（1989）和《山东省海岛志》（1995）均记为朝连岛。主岛即朝连岛，岛东南端为太平角岛，西南端为西山头岛。基岩岛，岛体岩石为混合岩呈层状，土层很薄。呈东北—西南走向，岛形狭长，背阴面山势陡峭，并有断崖，朝阳面坡度约 30 度。岸线长 3.79 千米，面积 0.263 1 平方千米，最高点高程 68.8 米。

2011 年有常住人口 70 人。有海事局办公楼 1 座，为德式建筑，灯塔 1 座。岛上与大陆的通信畅通，移动公司信号发射塔由太阳能及风力发电供电，其余用电主要依靠柴油发电机。岛南岸建有码头，可停靠 1 000 吨级船舶。生活用品由陆上基地用船舶定时供给。岛上建有信号塔航标及雾天示警的雾号等。是我国公布的领海基点方位碑所在海岛。

朝连岛一岛 (Cháoliándǎo Yīdǎo)

北纬 35°53.7′，东经 120°53.0′。位于青岛市崂山区朝连岛东南海域，距朝连岛 170 米。该岛为朝连岛附近的 2 个海岛之一，因位于朝连岛东侧，加序数得名。基岩岛。岸线长 63 米，面积 123 平方米。无植被。

朝连岛二岛 (Cháoliándǎo Èrdǎo)

北纬 35°53.7′，东经 120°53.1′。位于青岛市崂山区朝连岛东南海域，距朝连岛 240 米。该岛为朝连岛附近的 2 个海岛之一，因位于朝连岛东侧，加序数得名。基岩岛。岸线长 77 米，面积 264 平方米。无植被。

太平角岛 (Tàipíngjiǎo Dǎo)

北纬 35°53.7′，东经 120°53.0′。位于青岛市崂山区朝连岛东南海域，距朝连岛 20 米。因该岛西侧与朝连岛相夹形成太平湾，故名。《中国海洋岛屿简况》（1980）记为 849。《山东省海岛志》（1995）记为太平角岛。岸线长 324 米，面积 6 968 平方米，最高点高程 26.1 米。基岩岛，对着朝连岛的一面是高约 20 米的断崖。长有草丛。

西山头岛 (Xīshāntóu Dǎo)

北纬 35°53.3′，东经 120°52.2′。位于青岛市崂山区朝连岛西南海域，距朝连岛 10 米。曾名西箭头。《山东省海岛志》（1995）记为西山头岛。因其位于朝连岛西南侧而得名。与朝连岛间隔一条宽约 10 米的潮沟，低潮时人可从此处跳跃通过，涨潮时两岛分开。基岩岛。岸线长 251 米，面积 3 733 平方米，最高点高程 5 米。无植被。

冒岛 (Mào Dǎo)

北纬 36°11.2′，东经 120°18.8′。位于青岛市城阳区胶州湾东部海域，距大陆最近点 3.64 千米。《中国海洋岛屿简况》（1980）、《中国海域地名志》（1989）和《山东省海岛志》（1995）均记为冒岛。因岛体虽小但从未被水淹没，始终冒出水面，故名。基岩岛。岸线长 541 米，面积 0.016 6 平方千米，最高点高程 11 米。岛上地势较平，东高西低。西南部岸边为岩礁，呈圆形；东北部岸边为砂质，岸线较直。植物以草丛为主。岛上有养殖看护房 3 间，淡水井 1 口。电力由海底电缆从大陆提供。2010 年设立“冒岛”名称标志碑。周边产鱼虾，建有养殖池养殖扇贝和花蛤等。

将军脚 (Jiāngjūnjiǎo)

北纬 36°10.9′，东经 120°15.7′。位于青岛市城阳区胶州湾东部海域，赶海园景区内，距大陆最近点 7.6 千米。因外形似脚，故名。基岩岛。岸线长 20 米，面积 24 平方米，最高点高程 4.5 米。长有少许草丛。

将军柱 (Jiāngjūnzhù)

北纬 36°10.9′，东经 120°15.8′。位于青岛市城阳区胶州湾东部海域，赶海园景区内，距大陆最近点 7.55 千米。因位于将军脚附近，外形像柱子，故名。基岩岛。岸线长 20 米，面积 26 平方米，最高点高程 3 米。无植被。

白马岛 (Báimǎ Dǎo)

北纬 36°35.9′，东经 120°52.6′。位于青岛市即墨区丁字湾南部海域，距大陆最近点150米。《中国海域地名志》（1989）记为白马岛。基岩岛。岸线长3.54千米，面积0.511 4平方千米，最高点高程25米。岛北部是山地，草木繁茂，东北岸险崖陡立，称为“雄崖”。有道路与大陆相连。岛上有耕地，有庙宇1座，房屋多间，水井1口，水质差。岛岸西滩涂建有养殖场。

高沙顶 (Gāoshādǐng)

北纬36°35.3′，东经120°48.2′。位于青岛市即墨区丁字湾西部海域，距大陆最近点450米。因该沙质海岛明显高于周边海域，当地俗称高沙顶。沙泥岛。岸线长212米，面积2 463平方米，最高点高程5米。长有草丛。岛上建有养殖看护房1间，周围建有养殖池。

栲栳东岛 (Kǎolǎo Dōngdǎo)

北纬36°33.0′，东经120°59.0′。位于青岛市即墨区丁字湾东部海域，距大陆最近点1千米。因位于栲栳头东侧，故名。基岩岛。岸线长995米，面积0.030 4平方千米，最高点高程6.7米。长有草木、灌木。岛上建有养殖看护房1处，周围开发滩涂养殖。

三平大岛 (Sānpíng Dàdǎo)

北纬36°29.4′，东经120°59.1′。位于青岛市即墨区田横镇以东海域，距大陆最近点2.42千米。曾名青岛、小青岛，又名三平岛、大岛。曾因草木繁茂，望之青翠，且低潮时与三平二岛、三平三岛相连而共名青岛。民国18年（1929年）青岛特别市正式定名后，因此岛与青岛市重名，故改称小青岛。1984年海岛普查时，因其地势平坦，且高潮时水上呈现三个岛屿（低潮时相连），再正式定名为三平岛，以区别市区之小青岛。因该岛在三个海岛中面积最大，称为大岛。《中国海域地名志》（1989）记为三平岛。《山东省海岛志》（1995）记为大岛。第二次全国海域地名普查时更为今名。基岩岛。岸线长1.92千米，面积0.157 9平方千米，最高点高程25.9米。岛上有少量耕地，建有文君庙及多间养殖看护房。日常所需淡水来自收集的雨水，岛南侧建有简易风力发电设施。周边建有围堰养殖池，用于海参养殖。

三平二岛（Sānpíng Èrdǎo）

北纬 36°29.4′，东经 120°59.6′。位于青岛市即墨区三平大岛以东，距三平大岛 150 米。曾名青岛、小青岛，又名三平岛、二岛。曾因草木繁茂，望之青翠，且低潮时与三平大岛、三平三岛相连而共名青岛。民国 18 年（1929 年）青岛特别市正式定名后，因此岛与青岛市重名，故改称小青岛。1984 年海岛普查时，因其地势平坦，且高潮时水上呈现三个岛屿（低潮时相连），再正式定名为三平岛，以区别市区之小青岛。因该岛在三个海岛中面积居中，称为二岛。《山东省海岛志》（1995）记为二岛。第二次全国海域地名普查时更为今名。基岩岛。岸线长 563 米，面积 0.018 7 平方千米，最高点高程 16 米。岛上有少量耕地，有简易风力发电设施，淡水取自三平大岛。周边建有海参围堰养殖池。

三平三岛（Sānpíng Sāndǎo）

北纬 36°29.3′，东经 120°59.8′。位于青岛市即墨区三平大岛以东，距三平大岛 550 米。曾名青岛、小青岛，又名三平岛、三岛。曾因草木繁茂，望之青翠，且低潮时与三平大岛、三平二岛相连而共名青岛。民国 18 年（1929 年）青岛特别市正式定名后，因此岛与青岛市重名，故改称小青岛。1984 年海岛普查时，因其地势平坦，且高潮时水上呈现三个岛屿（低潮时相连），再正式定名为三平岛，以区别市区之小青岛。后因该岛面积在三个岛中最小，称为三岛。第二次全国海域地名普查时更为今名。基岩岛。岸线长 297 米，面积 2 659 平方米，最高点高程 8.2 米。长有草丛。

三平西岛（Sānpíng Xīdǎo）

北纬 36°29.4′，东经 120°59.0′。位于青岛市即墨区三平大岛西侧，距三平大岛 10 米。因位于三平大岛的西侧，故名。基岩岛。岸线长 34 米，面积 66 平方米，最高点高程 4 米。长有少许草丛。该岛为围堰养殖池堤坝的一部分。

石岛礁（Shídǎo Jiāo）

北纬 36°28.9′，东经 120°58.0′。位于青岛市即墨区田横镇以东海域，距大陆最近点 760 米。曾名羊山后贝壳岛。《山东省海岛志》（1995）记为石岛礁、羊山后贝壳岛。因高潮时该岛露出水面部分为一片黑色礁石，故名石岛礁。基岩岛。岸线长 107 米，面积 633 平方米，最高点高程 0.7 米。无植被。

水岛 (Shuǐ Dǎo)

北纬 36°27.1′，东经 120°56.9′。位于青岛市即墨区横门湾东北海域，距大陆最近点 480 米。因岛周围被岩礁环绕，低潮时坑洼处蓄积大量海水，故名。《中国海洋岛屿简况》（1980）、《山东省海岛志》（1995）和《中国海域地名志》（1989）均记为水岛。基岩岛。呈西北—东南走向，长约 400 米，宽约 100 米。岸线长 995 米、面积 0.03 平方千米。最高点高程 9.7 米。平潮时岛陆之间的礁石、沙滩干出，人可通行。岛上有耕地。

凤山东岛 (Fèngshān Dōngdǎo)

北纬 36°27.0′，东经 120°44.6′。位于青岛市即墨区鳌山湾东北部海域，距大陆最近点 80 米。又名凤山东礁。因其位于凤山的东角上，第二次全国海域地名普查时加海岛通名更为今名。基岩岛。岸线长 32 米，面积 59 平方米，最高点高程 2.3 米。无植被。

田横岛 (Tiánhéng Dǎo)

北纬 36°25.2′，东经 120°56.9′。位于青岛市即墨区横门湾东南海域，距大陆最近点 2.94 千米。据史书载，秦末汉初，群雄并起，逐鹿中原，刘邦手下大将韩信带兵攻打齐国，齐王田广被杀，齐相田横率五百将士退据该岛。刘邦称帝后，遣使诏田横降，田横不从，称"死不下鞍"，于赴洛阳途中自刎。岛上五百将士闻此噩耗，集体挥刀殉节。世人惊感田横五百将士之忠烈，遂命名该岛为田横岛。《中国海洋岛屿简况》（1980）、《山东省海岛志》（1995）和《中国海域地名志》（1989）均记为田横岛。基岩岛。岸线长 9.53 千米，面积 1.296 8 平方千米，最高点高程 54.5 米。岛南坡岬湾相间，北岸湾深、港静。周围海域产鲍鱼、扇贝和海带等海产品。

有居民海岛。2011 年有户籍人口 1 166 人，常住人口 1 290 人，主要从事渔业、旅游娱乐、农林牧业。岛上有少量耕地，并建有育苗场和养殖池。坐落于岛内最高峰田横顶上的五百义士墓周长 30 米，高约 2.5 米，是岛上最著名史迹，青岛市级重点文物保护单位。岛中部的田横雕像是重要景点之一，亦有神龟石、老仙洞、狮身人面石、海神娘娘传说等地方特色。1982 年在五百义士墓北侧修建了田横碑亭。20 世纪 90 年代，岛上进行旅游开发。有淡水井，但供给不足，需岛外输入淡水。电力为海底电缆输送。

赭岛 (Zhě Dǎo)

北纬 36°26.1′，东经 121°00.5′。位于青岛市即墨区田横岛以东海域，距田横岛 3.05 千米。《中国海洋岛屿简况》（1980）和《山东省海岛志》（1995）记为赭岛。因裸露的岩石呈赭色（红褐色），故名。《中国海域地名志》（1989）记载：岛名曾被讹称为窄岛、车岛、浙岛。基岩岛。岸线长 2.14 千米，面积 0.168 2 平方千米，最高点高程 40.2 米。沿岸岩石陡立，岛上树木稀疏，杂草丛生，产多种中药材，并产石材，常有候鸟栖息。2011 年有常住人口 15 人（渔民）。有耕地及水井 3 口，粮食、饮水基本可自给。岛上有房屋 7 间及风力发电设施，西北侧建有可停靠 50 吨级船的码头。

车岛 (Chē Dǎo)

北纬 36°25.4′，东经 121°00.5′。位于青岛市即墨区田横岛以东海域，距田横岛 2.77 千米。因其靠近赭岛亦称赭岛礁。赭岛曾讹称为车岛，此岛亦随称为车岛礁，1984 年定名为车岛。《中国海洋岛屿简况》（1980）、《山东省海岛志》（1995）和《中国海域地名志》（1989）均记为车岛。基岩岛。岸线长 261 米，面积 3 782 平方米，最高点高程 8.2 米。长有草丛。周围礁石错落，适于海珍品养殖。

涨岛 (Zhǎng Dǎo)

北纬 36°25.0′，东经 120°59.1′。位于青岛市即墨区田横岛东南海域，距田横岛 0.47 千米。因低潮时出滩与田横岛相连，涨潮时岩滩淹没，海岛呈现独立体，故名涨岛。又名小横岛。《中国海洋岛屿简况》（1980）记为涨岛。《山东省海岛志》（1995）和《中国海域地名志》（1989）记为涨岛、小横岛。基岩岛。岸线长 1.48 千米，面积 0.088 4 平方千米，最高点高程 24 米。长有草丛、灌木。岛上有养殖看护房和简易风力发电设施，周围建有养殖池。2011 年有常住人口 1 人，为养殖看护人员。

乌石栏 (Wūshí Lán)

北纬 36°25.1′，东经 120°45.6′。位于青岛市即墨区鳌山湾北部海域，距大陆最近点 3.42 千米。因礁石呈黑色，故名。又名北礁。基岩岛。岸线长 69 米，面积 256 平方米，最高点高程 1 米。无植被。岛上建有养殖看护房 1 间。

驴岛 (Lǘ Dǎo)

北纬 36°25.0′，东经 120°55.3′。位于青岛市即墨市区横岛以西海域，距田横岛 1.24 千米。又名律岛、绿岛。清乾隆《即墨县志·武备》记为律岛。清同治《即墨县志·山川脉络图》标作驴岛，疑因岛体外形似驴而得名。《中国海洋岛屿简况》（1980）、《山东省海岛志》（1995）和《中国海域地名志》（1989）均记为驴岛。基岩岛。岸线长 4.32 千米，面积 0.353 9 平方千米，最高点高程 25.5 米。为陆连岛，岛东部有一沙梗与大陆相连。有社区警务室、田横岛度假村客户服务中心、航运有限公司及酒店，有蓄水井 1 口。建有码头 1 座，与田横岛间有交通往来。

沙盖 (Shāgài)

北纬 36°25.2′，东经 120°55.2′。位于青岛市即墨区驴岛西北海域，距驴岛 330 米。《山东海情》（2010）记为沙盖。因岛形如圆盖且由沙泥组成，故名。沙泥岛。岸线长 85 米，面积 301 平方米，最高点高程 2 米。长有草丛。

涛东沿 (Tāodōngyán)

北纬 36°24.9′，东经 120°54.8′。位于青岛市即墨区驴岛以西海域，距驴岛 680 米。在涨潮时如浪涛的边沿且位于陆地的东侧，当地俗称涛东沿。沙泥岛。岸线长 29 米，面积 60 平方米，最高点高程 1 米。无植被。

猪岛 (Zhū Dǎo)

北纬 36°24.6′，东经 120°55.1′。位于青岛市即墨区驴岛西南海域，距驴岛 50 米。《中国海洋岛屿简况》（1980）、《山东省海岛志》（1995）和《中国海域地名志》（1989）均记为猪岛。岛形似伏地的猪，故名。基岩岛。岸线长 411 米，面积 7 251 平方米，最高点高程 22.5 米。

红岩岛 (Hóngyán Dǎo)

北纬 36°24.8′，东经 120°42.4′。位于青岛市即墨区鳌山湾西北部海域，距大陆最近点10米。因岛上岩石颜色褐红，故名。又名南黄埠东礁（2）。基岩岛。岸线长35米，面积78平方米，最高点高程3.7米。无植被。

马龙岛 (Mălóng Dăo)

北纬36°24.3′，东经120°55.8′。位于青岛市即墨区田横岛西南海域，距田横岛1.81千米。低潮时有沙滩露出与驴岛、牛岛相连。《中国海洋岛屿简况》（1980）、《山东省海岛志》（1995）和《中国海域地名志》（1989）均记为马龙岛。因岛蜿蜒起伏，如马首龙身，故名。基岩岛。岸线长2.19千米，面积0.083 1平方千米，最高点高程34.8米。岛上有耕地，有养殖看护房及简易风力发电设施，周围建有养殖池。

龙口岛 (Lóngkŏu Dăo)

北纬36°23.5′，东经120°53.7′。位于青岛市即墨区田横镇东南海域，距大陆最近点940米。因西南与一岬角遥相对峙，构成一个向东张开的湾口，形似龙口，故名。《中国海洋岛屿简况》（1980）、《山东省海岛志》（1995）和《中国海域地名志》（1989）均记为龙口岛。基岩岛。东西长约300米，南北宽约90米，岸线长925米，面积0.024 3平方千米，最高点高程25米。岛顶部建有房屋1间。西侧有坝与陆地相连。

女岛 (Nǚ Dăo)

北纬36°22.4′，东经120°51.1′。位于青岛市即墨区田横镇以南海域，距大陆最近点660米。因鸟瞰时岛形似女子体态，故名。《中国海洋岛屿简况》（1980）、《山东省海岛志》（1995）和《中国海域地名志》（1989）均记为女岛。基岩岛。呈东南—西北走向，岸线长3.16千米，面积0.242 8平方千米，最高点高程67.4米。低潮时砂砾露出与陆地相接。岛上有南北两山，北山高67.4米，南山高45米，两山间有耕地。2011年有常住人口40人。有水井和水窖，水质较差；西部有山泉两眼，水质佳。电力靠岛外输入。岛西南侧建有养殖池，周围有看护房多间。

张公岛 (Zhānggōng Dăo)

北纬36°22.1′，东经120°43.3′。位于青岛市即墨区鳌山镇以东海域，距大陆最近点910米。《中国海洋岛屿简况》（1980）和《中国海域地名志》（1989）

记为张公岛。张公岛为当地群众惯称。基岩岛。岸线长400米，面积8 611平方米，最高点高程1米。无植被。岛上建有高脚屋。周边岩礁错落，适宜养殖海参。

神汤沟嘴子（Shéntānggōu Zuǐzi）

北纬36°22.0′，东经120°42.6′。位于青岛市即墨区鳌山镇以东海域，距大陆最近点440米。因位于神汤沟村附近，当地俗称神汤沟嘴子。基岩岛。岸线长48米，面积126平方米，最高点高程1.6米。无植被。

鸦鹊石（Yāquè Shí）

北纬36°21.9′，东经120°53.1′。位于青岛市即墨区田横镇以南海域，距大陆最近点1.16千米。鸦鹊石为当地群众惯称。基岩岛。岸线长93米，面积55平方米，最高点高程2米。无植被。岛上有航标灯。

大管岛（Dàguǎn Dǎo）

北纬36°14.0′，东经120°46.0′。位于青岛市即墨区鳌山卫镇东南海域的小岛湾与崂山湾之间，东邻田横岛（省级旅游度假区），西部与崂山风景旅游点仰口隔海相望，北麓与冯家河码头近在咫尺，距大陆最近点7.4千米。小管岛的姊妹岛，位于小管岛东南部，隶属于青岛市即墨区。《中国海洋岛屿简况》（1980）、《山东省海岛志》（1995）和《中国海域地名志》（1989）均记为大管岛。因岛上实竹（古称管）丛生，面积大于西北的小管岛，故名。基岩岛。岸线长5.08千米，面积0.486 6平方千米，最高点高程100米。常年平均气温14℃。岛上淡水资源丰富，植被繁茂，产耐冬花。

有居民海岛。2011年有户籍人口118人，常住人口145人，主要从事渔业捕捞和水产养殖。岛上建有太阳能、风力发电设施，1999年建成100千瓦摆式波力发电站。半山坡上有部分耕地，有淡水井。周围建有海参养殖池，潮间带岩礁区适于鲍鱼、海参、石花菜等生长。

小管岛（Xiǎoguǎn Dǎo）

北纬36°17.0′，东经120°43.0′。位于青岛市即墨区鳌山卫镇东南海域的小岛湾与崂山湾之间，东邻田横岛（省级旅游度假区），距柴岛码头7千米，距大陆最近点3.35千米，隶属于青岛市即墨区。《中国海洋岛屿简况》（1980）、

《山东省海岛志》（1995）和《中国海域地名志》（1989）均记为小管岛。因岛上实竹（古称管）丛生，面积小于东南方的大管岛，故名。基岩岛。岸线长 2.75 千米，面积 0.264 8 平方千米，最高点高程 69.8 米。岛上遍布竹子，盛产竹叶茶。

有居民海岛。2011 年有户籍人口 65 人，常住人口 60 人，主要从事渔业捕捞和水产养殖，周围建有海参养殖池。岛上有淡水井、风力发电设施和太阳能发电设施，水电都能自给。

广利岛 (Guǎnglì Dǎo)

北纬 37°24.5′，东经 118°50.3′。位于东营市东营区广利港附近，距大陆最近点 100 米。因邻近广利港，故名。沙泥岛。岸线长 4.85 千米，面积 0.244 6 平方千米，最高点高程 3 米。长有草丛、灌木。岛上建有民房 2 间，种植棉花。西侧建有人工石坝 1 处。

月牙贝壳岛 (Yuèyá Bèiké Dǎo)

北纬 38°06.8′，东经 118°20.5′。位于东营市河口区与滨州市沾化区之间海区，距大陆最近点 8.71 千米。因其形态似月牙，且由贝壳组成，故名。沙泥岛。岸线长 143 米，面积 475 平方米，最高点高程 0.5 米。岛上布满贝壳，无植被。岛周围一片泥潭地，长满翅碱蓬。

贝壳岛 (Bèiké Dǎo)

北纬 38°00.6′，东经 118°58.4′。位于东营市河口区，距大陆最近点 70 米。又名贝壳岛（2）、贝壳岛 2。因该岛底质组成主要为贝壳，故名。岛呈细长条状平行于海岸分布，南北长 1 937 米，最窄处宽不足 10 米，岸线长 5.01 千米，面积 0.286 1 平方千米，最高点高程 1.5 米。主要由泥沙和贝壳构成，是潮滩贝壳碎屑在较强浪、流作用下的产物，沉积物较细，以粉砂和黏土为主，含少量中、细砂。岛地势较周围潮滩略高，向陆一侧岸线较为稳定，呈轻微淤积态势，向海一侧岸线以侵蚀为主，多见侵蚀陡坎发育。岛上植被茂盛，主要为盐蒿和芦苇。潮滩上小型动物主要为长角螺。

仙河镇东岛 (Xiānhézhèn Dōngdǎo)

北纬 37°57.8′，东经 119°01.3′。位于东营市河口区仙河镇以东海域，距大陆最近点 1.44 千米。因位于仙河镇东侧，故名。沙泥岛。岸线长 272 米，面积 4 610 平方米，最高点高程 2.5 米。长有草木。为陆连岛，有 1 条水泥路与陆地相连，该路已破损，高潮时淹没。岛外围为胜利油田建设水坝。

埕口岛 (Chéngkǒu Dǎo)

北纬 38°06.6′，东经 118°37.6′。位于东营市利津县附近海域，距大陆最近点 3.78 千米。该岛位于刁口乡（当地群众习惯把刁口乡驻地称为“埕口”），故名。沙泥岛。岸线长 37 米，面积 101 平方米，最高点高程 1.5 米。长有草丛、灌木。

天鹅岛 (Tiān'é Dǎo)

北纬 37°19.1′，东经 118°57.7′。位于东营市广饶县天鹅湖附近，距大陆最近点 6.33 千米。因其靠近天鹅湖，故名。沙泥岛。岸线长 84 米，面积 428 平方米，最高点高程 2.3 米。长有草丛。

小摩罗石 (Xiǎomóluó Shí)

北纬 37°38.0′，东经 121°21.4′。位于烟台市芝罘区西北部海域，距大陆最近点 530 米。又名小摩罗石岛。《山东省海岛志》（1995）记为小摩罗石岛，含义未知。基岩岛。岸线长 261 米，面积 2 346 平方米，最高点高程 20 米。长有草丛。

摩罗石北岛 (Móluóshí Běidǎo)

北纬 37°38.1′，东经 121°21.4′。位于烟台市芝罘区西北部海域，距大陆最近点 650 米。基岩岛。岸线长 41 米，面积 51 平方米，最高点高程 2 米。无植被。

芝罘东岛 (Zhīfú Dōngdǎo)

北纬 37°35.9′，东经 121°25.5′。位于烟台市芝罘区北部海域，距大陆最近点 60 米。基岩岛。岸线长 56 米，面积 81 平方米，最高点高程 4 米。无植被。

芝罘西岛 (Zhīfú Xīdǎo)

北纬 37°37.9′，东经 121°20.6′。位于烟台市芝罘区西北部海域，距大陆最近点 60 米。为芝罘区最西侧的海岛，故名。基岩岛。岸线长 24 米，面积 34 平方米，最高点高程 1.8 米。无植被。

芝罘西一岛 (Zhīfú Xīyī Dǎo)

北纬 37°37.9′，东经 121°20.6′。位于烟台市芝罘区西北部海域，距芝罘西岛 10 米。该岛紧邻芝罘西岛，加序数得名。基岩岛。岸线长 46 米，面积 116 平方米，最高点高程 5 米。无植被。

芝罘西二岛 (Zhīfú Xī'èr Dǎo)

北纬 37°37.9′，东经 121°20.6′。位于烟台市芝罘区西北部海域，距芝罘西岛 20 米。该岛紧邻芝罘西一岛，距芝罘西岛更远，故名。基岩岛。岸线长 39 米，面积 57 平方米，最高点高程 1.5 米。无植被。

硧碌岛 (Gūlù Dǎo)

北纬 37°37.2′，东经 121°23.1′。位于烟台市芝罘区北部海域，距大陆最近点 110 米。又名骨碌岛。《山东省海岛志》（1995）记为硧碌岛。硧碌岛为当地群众惯称。基岩岛。岸线长 259 米，面积 1 761 平方米，最高点高程 19.5 米。长有草丛、灌木。

小石婆婆岛 (Xiǎoshípópo Dǎo)

北纬 37°36.6′，东经 121°24.4′。位于烟台市芝罘区北部海域，距大陆最近点 350 米。又名石婆婆。该岛岛体较小，故名。《中国海洋岛屿简况》（1980）记为石婆婆。《山东省海岛志》（1995）记为小石婆婆岛。基岩岛。岸线长 154 米，面积 1 271 平方米，最高点高程 30 米。长有极少量杂草。

石婆婆西岛 (Shípópo Xīdǎo)

北纬 37°36.6′，东经 121°24.3′。位于烟台市芝罘区北部海域，距大陆最近点 430 米。位于小石婆婆岛的西侧，当地群众称为石婆婆西岛。基岩岛。岸线长 34 米，面积 45 平方米，最高点高程 3 米。无植被。

石婆婆南岛 (Shípópo Nándǎo)

北纬 37°36.6′，东经 121°24.4′。位于烟台市芝罘区北部海域，距大陆最近点 330 米。位于小石婆婆岛的南侧，故名。基岩岛。岸线长 36 米，面积 79 平方米，最高点高程 1.8 米。无植被。

地留星 (Dìliúxīng)

北纬 37°36.6′，东经 121°35.4′。位于烟台市芝罘区东北部海域，距豆卵岛 4.61 千米。又名地理星岛。该岛为航船由东北驶入烟台港首先经过的一个地理标记，故名。《中国海洋岛屿简况》（1980）记为地留星。《中国海域地名志》（1989）记为地理星。《山东省海岛志》（1995）记为地理星岛。基岩岛。岸线长 297 米，面积 5 140 平方米，最高点高程 26.4 米。长有草丛。有渔民看护房、简易风力发电设备、国家大地测量标志及灯塔 1 座。

老郭山大岛 (Lǎoguōshān Dàdǎo)

北纬 37°36.2′，东经 121°24.7′。位于烟台市芝罘区北部海域，距大陆最近点 60 米。位于老郭山附近且相对较大，故名。基岩岛。岸线长 130 米，面积 516 平方米，最高点高程 4.5 米。无植被。

老郭山小岛 (Lǎoguōshān Xiǎodǎo)

北纬 37°36.2′，东经 121°24.7′。位于烟台市芝罘区北部海域，距大陆最近点 90 米。位于老郭山附近且相对较小，故名。基岩岛。岸线长 55 米，面积 100 平方米，最高点高程 3 米。无植被。

豆卵岛 (Dòuluǎn Dǎo)

北纬 37°35.1′，东经 121°33.0′。位于烟台市芝罘区东北部海域，距大陆最近点 10.25 千米。又名南豆卵岛。岛两峰呈弧形排布，形似豆角，故名。《中国海域地名志》（1989）记为豆卵岛。《山东省海岛志》（1995）记为南豆卵岛。基岩岛。岸线长 981 米，面积 0.024 4 平方千米，最高点高程 52 米。长有草丛。有养殖看护房、简易风力发电机及海域使用动态监控监视仪。

小豆卵岛 (Xiǎodòuluǎn Dǎo)

北纬 37°35.1′，东经 121°32.9′。位于烟台市芝罘区东北部海域，距豆卵岛 20 米。因紧邻豆卵岛且面积较小，故名。基岩岛。岸线长 152 米，面积 1 123 平方米，最高点高程 35.5 米。无植被。

老帆杆东岛 (Lǎofān'gān Dōngdǎo)

北纬 37°34.8′，东经 121°28.5′。位于烟台市芝罘区北部海域，距大陆最近点 3.66 千米。《中国海域地名志》（1989）记为小礁石。岸线长 70 米，面积 274 平方米，最高点高程 2.3 米。无植被。

老帆杆西岛 (Lǎofān'gān Xīdǎo)

北纬 37°34.8′，东经 121°28.1′。位于烟台市芝罘区东北部海域，距大陆最近点 3.58 千米。基岩岛。岸线长 157 米，面积 314 平方米，最高点高程 5 米。无植被。

东江东岛 (Dōngjiāng Dōngdǎo)

北纬 37°34.8′，东经 121°29.1′。位于烟台市芝罘区东北部海域，距大陆最近点 4.9 千米。位于东江的东侧，故名。基岩岛。岸线长 76 米，面积 282 平方米，最高点高程 4 米。无植被。

宁海砣子 (Nínghǎi Tuózi)

北纬 37°34.5′，东经 121°27.6′。位于烟台市芝罘区北部海域，距大陆最近点 3.25 千米。宁海砣子为当地群众惯称。基岩岛。岸线长 423 米，面积 2 257 平方米，最高点高程 3 米。无植被。

宁海砣北岛 (Nínghǎituó Běidǎo)

北纬 37°34.6′，东经 121°27.6′。位于烟台市芝罘区东北部海域，距大陆最近点 3.2 千米。因位于宁海砣子北侧，故名。基岩岛。岸线长 43 米，面积 69 平方米，最高点高程 3.5 米。无植被。

担子岛 (Dànzi Dǎo)

北纬 37°34.2′，东经 121°28.6′。位于烟台市芝罘区东北部海域，距大陆最近点 4.19 千米。又名蛋岛、扁担岛、二担岛。因岛形扁长，两端各有一小山，形似挑担子，故名。《中国海洋岛屿简况》（1980）记为蛋岛。《中国海域地名志》（1989）和《山东省海岛志》（1995）记为担子岛、扁担岛、二担岛。基岩岛。岸线长 2.38 千米，面积 0.101 9 平方千米，最高点高程 28.3 米。岛上有办公楼、数栋简易住房、自动气象站、海域动态使用监测站和码头 1 座。淡水和电力由陆地供给。岛东部有育苗场，南部海域为浅海筏式贝藻养殖区，养殖海带、扇贝、贻贝和鲍鱼等。

夹岛 (Jiā Dǎo)

北纬 37°34.3′，东经 121°31.0′。位于烟台市芝罘区东北部海域，距大陆最近点 7.68 千米。又名加岛。位于崆峒岛和豆卵岛之间，喻意为夹在中间的岛，故名。《中国海洋岛屿简况》（1980）记为加岛。《中国海域地名志》（1989）和《山东省海岛志》（1995）记为夹岛。基岩岛。岸线长 2.95 千米，面积 0.190 5 平方千米，最高点高程 61.6 米。岛上建有养殖看护房和码头，周边海域有海参养殖。

鸭子岛 (Yāzi Dǎo)

北纬 37°34.5′，东经 121°31.1′。位于烟台市芝罘区东北部海域，距夹岛 260 米。因岛形似鸭子，当地群众称为鸭子岛。《山东省海岛志》（1995）记为鸭子岛。基岩岛。岸线长 66 米，面积 326 平方米，最高点高程 12 米。无植被。

马鞍岛 (Mǎ'ān Dǎo)

北纬 37°34.2′，东经 121°31.4′。位于烟台市芝罘区东北部海域，距夹岛 10 米。又名马鞍石。从一侧看该岛形似马鞍，故名。《山东省海岛志》（1995）记为马鞍石。《山东海情》（2010）记为马鞍岛。基岩岛。岸线长 105 米，面积 583 平方米，最高点高程 16 米。无植被。

柴岛 (Chái Dǎo)

北纬 37°33.9′，东经 121°29.4′。位于烟台市芝罘区北部海域，距大陆最近点 5.99 千米。岛上长有松柴树，故名。《中国海域地名志》（1989）和《山东省海岛志》（1995）记为柴岛。基岩岛。岸线长 486 米，面积 7 844 平方米，最高点高程 17.6 米。岛上有养殖看护房 2 间和风力发电机。

马岛 (Mǎ Dǎo)

北纬 37°33.6′，东经 121°29.8′。位于烟台市芝罘区东北部海域，距大陆最近点 6.07 千米。其形似马，故名。《中国海洋岛屿简况》（1980）、《中国海域地名志》（1989）和《山东省海岛志》（1995）均记为马岛。基岩岛。岸线长 1.77 千米，面积 0.103 9 平方千米，最高点高程 37.7 米。岛上建有住房、养殖用房、通信信号塔和码头。为山东省海洋水产研究所科研基地。

崆峒岛（Kōngtóng Dǎo）

北纬 37°33.2′，东经 121°30.2′。位于烟台市芝罘区东部海域，距大陆最近点 5.79 千米，隶属于烟台市芝罘区。曾名八家岛、空洞岛。《中国海域地名志》（1989）和《山东省海岛志》（1995）载：清雍正年间，沿海的前七乔、清泉寨等八村八户人家迁居岛上，始称八家岛；后据岛上山窟石洞多的特点改为空洞岛，经雅化成今名。《中国海洋岛屿简况》（1980）记为崆峒岛。岸线长 6.62 千米，面积 0.871 6 平方千米，最高点高程 63 米。岛上基岩为石英岩，地层属中元古界粉子山群芝罘赤铁矿石英岩、白云母石英片岩、黑母片岩。

有居民海岛。2011 年有户籍人口 966 人，常住人口 3 000 人。岛上有崆峒岛村，建有崆峒岛地名标志碑。以旅游开发为主，建有大量旅游配套设施，常年接待游客。岛上生活配套设施较完备，有小学、通信设施、商店及码头等。有航标灯塔 1 座。淡水由岛上海水淡化工厂供给，电力由海底电缆供给。周边海域以网箱、养殖池养殖为主。主产小黄鱼、青鱼、对虾、海带和贻贝等。

南照壁石（Nánzhàobì Shí）

北纬 37°33.5′，东经 121°31.2′。位于烟台市芝罘区东北部海域，距崆峒岛 10 米。南照壁石为当地群众惯称。又名南照壁石岛。《山东省海岛志》（1995）记为南照壁石岛。基岩岛。岸线长 199 米，面积 1 919 平方米，最高点高程 18.2 米。长有草丛。

北照壁石（Běizhàobì Shí）

北纬 37°33.7′，东经 121°31.3′。位于烟台市芝罘区东北部海域，距崆峒岛 60 米。北照壁石为当地群众惯称。又名北照壁石岛。《山东省海岛志》（1995）记为北照壁石岛。基岩岛。岸线长 148 米，面积 1 447 平方米，最高点高程 14.4 米。无植被。

头孤岛（Tóugū Dǎo）

北纬 37°33.1′，东经 121°32.4′。位于烟台市芝罘区东北部海域，距大陆最近点 8.62 千米。该岛是自东南向西北依次排列的三座孤岛中第一个岛，故名。《中国海洋岛屿简况》（1980）、《中国海域地名志》（1989）和《山东省海岛志》

（1995）均记为头孤岛。基岩岛。岸线长 693 米，面积 0.013 5 平方千米，最高点高程 31.8 米。长有少量杂草。岛上有养殖看护房和国家大地控制点。

二孤岛 (Èrgū Dǎo)

北纬 37°33.4′，东经 121°31.8′。位于烟台市芝罘区东北部海域，距头孤岛 910 米。该岛在自东南向西北依次排列的三座孤岛中居第二，故名。《中国海洋岛屿简况》（1980）、《中国海域地名志》（1989）和《山东省海岛志》（1995）记为二孤岛。基岩岛。岸线长 659 米，面积 8 965 平方米，最高点高程 24.2 米。长有少量杂草。

三孤岛 (Sāngū Dǎo)

北纬 37°33.5′，东经 121°31.4′。位于烟台市芝罘区东北部海域，距头孤岛 1.47 千米。该岛在自东南向西北依次排列的三座孤岛中居第三，故名。《中国海洋岛屿简况》（1980）和《中国海域地名志》（1989）记为三孤岛。基岩岛。岸线长 414 米，面积 7 201 平方米，最高点高程 19.2 米。长有草丛、灌木。岛上有养殖看护房、简易台阶及小型风力发电机。

大岩石 (Dàyán Shí)

北纬 37°33.4′，东经 121°32.3′。位于烟台市芝罘区东北部海域，距头孤岛 360 米。又名大岩石岛。该岛基岩裸露无植被，犹如一块较大的岩石，故名。《山东省海岛志》（1995）记为大岩石岛。基岩岛。岸线长 244 米，面积 1 913 平方米，最高点高程 8 米。无植被。

养马岛 (Yǎngmǎ Dǎo)

北纬 37°27.2′，东经 121°36.5′。位于烟台市牟平区北部海域，距大陆最近点 680 米，隶属于烟台市牟平区。曾名莒岛、象岛。《山东省海岛志》（1995）载：相传战国时莒国人流亡至此，故称莒岛；又因该岛东侧另有小岛，形如巨象浴水，又记载为象岛；另传公元前 219 年秦始皇东巡途经该岛时，曾令在此养马，故名。《中国海洋岛屿简况》（1980）和《中国海域地名志》（1989）记为养马岛。岸线长 2.38 千米，面积 8.620 3 平方千米，最高点高程 104.8 米。岛上基岩为白云大理岩、纯大理岩，地层为下元古界粉子山群张格庄组变质岩系。地处烟威渔场，是多种经济鱼类索饵、生殖、洄游的必经通道，季节性捕捞条件优越。浅海、滩涂产刺参、皱纹盘鲍、紫石房蛤、扇贝、贻贝、海带、石花菜和对虾等。

该岛是养马岛街道办所在地，辖 8 个行政村。2011 年有户籍人口 7 906 人。有自然景观和秦始皇养马传说遗址等旅游资源。1984 年被列为山东省重点旅游开发区，建有天马广场、乡村体育俱乐部、东三官庙、赛马场、观景台、日月圆温泉及多个酒店等。有养马岛名称标志碑。为人工陆连岛。淡水、电力依靠陆地供给。岛上建有海参养殖基地。

小象岛 (Xiǎoxiàng Dǎo)

北纬 37°29.4′，东经 121°38.9′。位于烟台市牟平区北部海域，距养马岛 510 米。又名连石。该岛形似大象头部扬出水面，故名。《中国海洋岛屿简况》（1980）记为连石。《山东省海岛志》（1995）记为小象岛。基岩岛。岸线长 400 米，面积 5 061 平方米，最高点高程 19.6 米。长有草从、灌木。岛上建有简易房屋 1 间，另有国家大地控制点及海域使用动态监视检测塔。

玉岱山北岛 (Yùdàishān Běidǎo)

北纬 37°31.3′，东经 121°27.1′。位于烟台市莱山区西北部海域，距大陆最近点 130 米。因其位于玉岱山北侧，故名。基岩岛。岸线长 39 米，面积 62 平方米，最高点高程 1.8 米。无植被。

北隍城岛 (Běihuángchéng Dǎo)

北纬 38°23.2′，东经 120°54.7′。位于烟台市长岛县北部海域，距大陆最近点 61.26 千米，隶属于烟台市长岛县。属庙岛群岛。唐代称乌湖岛，唐高宗征高丽时在此修夯土城一座，名皇城。元代称乌湖戌，明代称皇城岛，清始称今名。《中国海洋岛屿简况》（1980）、《中国海域地名志》（1989）和《山东省海岛志》（1995）均记为北隍城岛。岛上基岩为石英岩。岸线长 13.44 千米，面积 2.664 1 平方千米，最高点高程 155.4 米。周围有较大海湾 4 处，生长海带、紫海胆、鹰爪虾、牙鲆、黄姑鱼和鲳鱼等。周边海域进行刺参、皱纹盘鲍、栉孔扇贝等海珍品养殖。

该岛是北隍城乡人民政府所在地，辖 2 个行政村。2011 年有户籍人口

2 228 人，常住人口 2 300 人。岛上有卫生院、幼儿园、敬老院、加油站、警务室、联通及移动营业厅、信号基站等基础设施，旅游建筑天后宫 1 座。建有北隍城客运码头。有天然淡水水源，但水质较差，淡水由两处海水淡化站供给，电力由海底电缆供给。

老鹰窝岛（Lǎoyīngwō Dǎo）

北纬 38°23.5′，东经 120°54.0′。位于烟台市长岛县北隍城岛西部海域，距北隍城岛 10 米。属庙岛群岛。因岛形似老鹰的窝，当地群众俗称老鹰窝岛。基岩岛。岸线长 32 米，面积 74 平方米，最高点高程 5 米。无植被。

大红石礁（Dàhóngshí Jiāo）

北纬 38°23.1′，东经 120°55.7′。位于烟台市长岛县北隍城岛东南部海域，距北隍城岛 10 米。属庙岛群岛。因岛体呈暗红色，当地群众俗称大红石礁。基岩岛。岸线长 47 米，面积 139 平方米，最高点高程 5 米。无植被。

平板石岛（Píngbǎnshí Dǎo）

北纬 38°23.0′，东经 120°54.7′。位于烟台市长岛县北隍城岛南部海域，距北隍城岛 40 米。属庙岛群岛。因其形状平整，故名。基岩岛。岸线长 29 米，面积 56 平方米，最高点高程 1.7 米。无植被。

南隍城岛（Nánhuángchéng Dǎo）

北纬 38°21.8′，东经 120°54.2′。位于烟台市长岛县北隍城岛南部海域，距大陆最近点 57.16 千米，隶属于烟台市长岛县。属庙岛群岛。曾名末岛、皇城岛。《山东省海岛志》（1995）载：唐代称末岛，元朝与北隍城岛统称皇城岛，清始称南隍城岛。《中国海洋岛屿简况》（1980）和《中国海域地名志》（1989）记为南隍城岛。基岩为石英岩。岸线长 15.62 千米，面积 1.823 4 平方千米，最高点高程 100.9 米。长有草丛和灌木。周边主要渔业资源有刺参、皱纹盘鲍、栉孔扇贝、紫海胆、海带、裙带菜、对虾、鹰爪虾、鲅鱼、牙鲆、黄姑鱼和鲳鱼等。

该岛为南隍城乡人民政府所在地，辖 1 个行政村。2011 年有户籍人口 926 人，常住人口 1 000 人。岛上建有卫生院、幼儿园、敬老院、加油站、警务室、联通及移动营业厅、信号基站等基础设施。淡水由海水淡化站供给，电力由海底电缆供给。建有南隍城客运码头。周围有较大的自然海湾3处，主要开展鲍鱼、海参、海胆等海珍品养殖。

南隍将军石（Nánhuáng Jiāngjūn Shí）

北纬38°22.3′，东经120°54.5′。位于烟台市长岛县南隍城岛北部海域，距南隍城岛10米。属庙岛群岛。相传该岛为唐王所用的点将台，故名将军石。因省内重名且位于南隍城岛附近海域，第二次全国海域地名普查时更为今名。基岩岛。岸线长51米，面积106平方米，最高点高程3米。无植被。

二香炉岛（Èrxiānglú Dǎo）

北纬38°22.2′，东经120°53.9′。位于烟台市长岛县南隍城岛北部海域，距南隍城岛40米。属庙岛群岛。因远观像香炉，故名。基岩岛。岸线长108米，面积270平方米，最高点高程5米。无植被。

支旺岛（Zhīwàng Dǎo）

北纬38°22.2′，东经120°54.6′。位于烟台市长岛县南隍城岛北部海域，距南隍城岛30米。属庙岛群岛。支旺岛为当地群众惯称。历史上该岛与支旺岛一岛、支旺岛二岛、支旺岛三岛统称为支旺岛，第二次全国海域地名普查时将其中面积最大者定名为支旺岛。基岩岛。岸线长126米，面积587平方米，最高点高程15米。长有草丛。

支旺岛一岛（Zhīwàngdǎo Yīdǎo）

北纬38°22.2′，东经120°54.6′。位于烟台市长岛县南隍城岛北部海域，距支旺岛10米。属庙岛群岛。历史上该岛与支旺岛、支旺岛二岛、支旺岛三岛统称为支旺岛。该岛紧靠支旺岛，按面积由小到大排序，该岛最小，第二次全国海域地名普查时加序数得名。基岩岛。岸线长44米，面积120平方米，最高点高程4米。无植被。

支旺岛二岛（Zhīwàngdǎo Èrdǎo）

北纬38°22.2′，东经120°54.5′。位于烟台市长岛县南隍城岛北部海域，距支旺岛10米。属庙岛群岛。历史上该岛与支旺岛、支旺岛一岛、支旺岛三岛统称为支旺岛。该岛紧靠支旺岛，按面积由小到大排序，该岛居中，第二次全国海域地名普查时加序数得名。基岩岛。岸线长 61 米，面积 236 平方米，最高点高程 4 米。长有草丛。

支旺岛三岛 (Zhīwàngdǎo Sāndǎo)

北纬 38°22.2′，东经 120°54.5′。位于烟台市长岛县南隍城岛北部海域，距支旺岛 20 米。属庙岛群岛。历史上该岛与支旺岛、支旺岛一岛、支旺岛二岛统称为支旺岛。该岛紧靠支旺岛，按面积由小到大排序，该岛最大，第二次全国海域地名普查时加序数得名。基岩岛。岸线长 69 米，面积 306 平方米，最高点高程 5 米。长有草丛。

石门岛 (Shímén Dǎo)

北纬 38°21.9′，东经 120°53.5′。位于烟台市长岛县南隍城岛西北部海域，距南隍城岛 30 米。属庙岛群岛。岛形似天然形成的巨石拱门，故名。基岩岛。岸线长 43 米，面积 88 平方米，最高点高程 6 米。无植被。

灯眼石礁 (Dēngyǎnshí Jiāo)

北纬 38°21.9′，东经 120°53.5′。位于烟台市长岛县南隍城岛西北部海域，距南隍城岛 40 米。属庙岛群岛。灯眼石礁为当地群众惯称。基岩岛。岸线长 42 米，面积 109 平方米，最高点高程 2 米。无植被。

坡礁岛 (Pōjiāo Dǎo)

北纬 38°21.8′，东经 120°54.9′。位于烟台市长岛县南隍城岛东部海域，距南隍城岛 150 米。属庙岛群岛。又名坡礁。因地势北高南低呈坡状，故名。《中国海域地名志》（1989）和《山东省海岛志》（1995）记为坡礁岛。基岩岛。岸线长 225 米，面积 1 561 平方米，最高点高程 12 米。无植被。

官财石岛 (Guāncáishí Dǎo)

北纬 38°21.8′，东经 120°54.9′。位于烟台市长岛县南隍城岛东部海域，距南隍城岛 70 米。属庙岛群岛。又名棺材石、大占波礁。因远观形似棺材，当地群众称其为棺材石，后雅化为官财石岛。《山东海情》（2010）记为大占波礁。基岩岛。岸线长 187 米，面积 1 218 平方米，最高点高程 12 米。长有草丛。

大圈岛（Dàquān Dǎo）

北纬 38°21.6′，东经 120°54.5′。位于烟台市长岛县南隍城岛东部海域，距南隍城岛 20 米。属庙岛群岛。因其外形像圆圈，故名。基岩岛。岸线长 31 米，面积 38 平方米，最高点高程 3 米。无植被。

二江岛（Èrjiāng Dǎo）

北纬 38°21.6′，东经 120°54.9′。位于烟台市长岛县南隍城岛东部海域，距南隍城岛 20 米。属庙岛群岛。因其走向与海流方向一致，从远处观看像把海流分成两股，故名。基岩岛。岸线长 138 米，面积 460 平方米，最高点高程 5 米。无植被。

西菜园岛（Xīcàiyuán Dǎo）

北纬 38°21.2′，东经 120°54.0′。位于烟台市长岛县南隍城岛西南部海域，距南隍城岛 10 米。属庙岛群岛。因其位于南隍城岛上一处菜园的西侧，当地群众俗称西菜园岛。基岩岛。岸线长 62 米，面积 192 平方米，最高点高程 3 米。无植被。

南隍海红岛（Nánhuáng Hǎihóng Dǎo）

北纬 38°21.1′，东经 120°54.1′。位于烟台市长岛县南隍城岛西南部海域，距南隍城岛 10 米。属庙岛群岛。岛上岩石呈暗红色，当地群众俗称海红岛。因省内重名且位于南隍城乡，第二次全国海域地名普查时更为今名。基岩岛。岸线长 50 米，面积 150 平方米，最高点高程 6 米。无植被。

南隍海红西岛（Nánhuáng Hǎihóng Xīdǎo）

北纬 38°21.1′，东经 120°54.1′。位于烟台市长岛县南隍城岛西南部海域，距南隍海红岛 10 米。属庙岛群岛。因位于南隍海红岛西侧，故名。基岩岛。岸线长 33 米，面积 81 平方米，最高点高程 2 米。无植被。

齿轮岛（Chǐlún Dǎo）

北纬 38°21.0′，东经 120°54.1′。位于烟台市长岛县南隍城岛西南部海域，距南隍城岛 40 米。属庙岛群岛。岛形似齿轮，故名。基岩岛。岸线长 36 米，面积 79 平方米，最高点高程 3.5 米。无植被。

齿轮南岛 (Chǐlún Nándǎo)

北纬 38°21.0′，东经 120°54.2′。位于烟台市长岛县南隍城岛西南部海域，距南隍城岛 20 米。属庙岛群岛。位于齿轮岛南侧，故名。基岩岛。岸线长 52 米，面积 130 平方米，最高点高程 2 米。无植被。

南菜园岛 (Náncàiyuán Dǎo)

北纬 38°21.0′，东经 120°54.4′。位于烟台市长岛县南隍城岛西南部海域，距南隍城岛 10 米。属庙岛群岛。因位于南隍城岛上一处菜园的南侧，当地群众称其为南菜园岛。基岩岛。岸线长 73 米，面积 270 平方米，最高点高程 10 米。长有草丛、灌木。

南菜园南岛 (Náncàiyuán Nándǎo)

北纬 38°21.0′，东经 120°54.4′。位于烟台市长岛县南隍城岛西南部海域，距南隍城岛 20 米。属庙岛群岛。因位于南菜园岛南侧，故名。基岩岛。岸线长 27 米，面积 52 平方米，最高点高程 2 米。长有草丛。

字底岛 (Zìdǐ Dǎo)

北纬 38°20.7′，东经 120°54.8′。位于烟台市长岛县南隍城岛南部海域，距南隍城岛 10 米。属庙岛群岛。字底岛为当地群众惯称。基岩岛。岸线长 94 米，面积 200 平方米，最高点高程 3 米。长有草丛。

小钦岛 (Xiǎoqīn Dǎo)

北纬 38°20.3′，东经 120°50.7′。位于烟台市长岛县大钦岛北部海域，距大陆最近点 56.1 千米，隶属于烟台市长岛县。属庙岛群岛。曾名末岛、钦岛。唐宋时期称末岛，元明时期与大钦岛合称钦岛，清始称今名。该岛距大钦岛较近，面积较小，故名。《中国海洋岛屿简况》（1980）、《中国海域地名志》（1989）和《山东省海岛志》（1995）均记为小钦岛。基岩岛，由石英岩和板岩组成。岸线长 8.42 千米，面积 1.143 4 平方千米，最高点高程 148.9 米。周围海域主要经济生物有刺参、皱纹盘鲍、栉孔扇贝、光棘球海胆、海带、裙带菜、巨藻和羊栖菜等。

该岛是小钦岛乡人民政府所在地，辖 1 行政村。2011 年有户籍人口 890 人，常住人口 1 048 人。岛上建有修船厂和小钦岛码头。有小学、幼儿园、卫生院、警务工作站、邮政局及邮政储蓄所、农村信用社、乡综合文化站等基础设施。淡水由海水淡化站供给，电力由海底电缆供给。岛上建有育苗场多处，周边海域开展筏式养殖、网箱养殖、底播养殖等，主要养殖品种有海带、许氏平鲉和大泷六线鱼等。

外长坝岛 (Wàichángbà Dǎo)

北纬 38°21.5′，东经 120°50.4′。位于烟台市长岛县小钦岛北部海域，距小钦岛 260 米。属庙岛群岛。位于小钦岛外侧且呈长条状，故名。基岩岛。岸线长 205 米，面积 343 平方米，最高点高程 1.7 米。无植被。

小钦东北咀岛 (Xiǎoqīn Dōngběizuǐ Dǎo)

北纬 38°21.4′，东经 120°50.5′。位于烟台市长岛县小钦岛北部海域，距小钦岛 250 米。属庙岛群岛。该岛原名东北咀，因省内重名，位于小钦岛东北侧，更为今名。基岩岛。岸线长 41 米，面积 79 平方米，最高点高程 6 米。无植被。

白乌石岛 (Báiwūshí Dǎo)

北纬 38°21.4′，东经 120°50.4′。位于烟台市长岛县小钦岛北部海域，距小钦岛 90 米。属庙岛群岛。因岩石呈黑白色夹杂状，故名。基岩岛。岸线长 24 米，面积 36 平方米，最高点高程 2.5 米。无植被。

鳖盖山岛 (Biēgàishān Dǎo)

北纬 38°21.4′，东经 120°50.4′。位于烟台市长岛县小钦岛北部海域，距小钦岛 40 米。属庙岛群岛。又名鳖盖山。因远看该岛状似鳖盖，故名。《中国海洋岛屿简况》（1980）记为鳖盖山。《中国海域地名志》（1989）和《山东省海岛志》（1995）记为鳖盖山岛。基岩岛。岸线长 934 米，面积 0.015 0 平方千米，最高点高程 42.8 米。

长咀岛 (Chángzuǐ Dǎo)

北纬 38°21.3′，东经 120°50.3′。位于烟台市长岛县小钦岛北部海域，距小钦岛 10 米。属庙岛群岛。因岛形状长，当地俗称长咀（嘴）岛。基岩岛。岸线长 33 米，面积 74 平方米，最高点高程 3.5 米。无植被。

货船岛 (Huòchuán Dǎo)

北纬 38°21.1′，东经 120°50.6′。位于烟台市长岛县小钦岛东北部海域，距小钦岛 10 米。属庙岛群岛。因远观该岛像货船，故名。基岩岛。岸线长 77 米，面积 150 平方米，最高点高程 3.5 米。无植被。

史人岛 (Shǐrén Dǎo)

北纬 38°21.0′，东经 120°50.4′。位于烟台市长岛县小钦岛西部海域，距小钦岛 50 米。属庙岛群岛。当地群众原称其为死人岛，后因避讳改称史人岛。基岩岛。岸线长 20 米，面积 26 平方米，最高点高程 3 米。无植被。

驴礁东岛 (Lǘjiāo Dōngdǎo)

北纬 38°20.8′，东经 120°50.8′。位于烟台市长岛县小钦岛东部海域，距小钦岛 40 米。属庙岛群岛。位于驴礁东北侧，故名。基岩岛。岸线长 23 米，面积 35 平方米，最高点高程 4 米。长有草丛。

驴礁 (Lǘ Jiāo)

北纬 38°20.8′，东经 120°50.7′。位于烟台市长岛县小钦岛东部海域，距小钦岛 20 米。属庙岛群岛。因外形似驴，故名。基岩岛。岸线长 39 米，面积 107 平方米，最高点高程 11 米。无植被。

口后礁岛 (Kǒuhòujiāo Dǎo)

北纬 38°20.7′，东经 120°50.2′。位于烟台市长岛县小钦岛西部海域，距小钦岛 20 米。属庙岛群岛。当地群众惯称口后礁。后加海岛通名，更为今名。基岩岛。岸线长 38 米，面积 79 平方米，最高点高程 7 米。无植被。

口后礁西岛 (Kǒuhòujiāo Xīdǎo)

北纬 38°20.7′，东经 120°50.1′。位于烟台市长岛县小钦岛西部海域，距小钦岛 30 米。属庙岛群岛。位于口后礁岛西侧，故名。基岩岛。岸线长 27 米，面积 30 平方米，最高点高程 3.5 米。无植被。

小钦将军石 (Xiǎoqīn Jiāngjūn Shí)

北纬 38°20.7′，东经 120°50.2′。位于烟台市长岛县小钦岛西部海域，距小钦岛 20 米。属庙岛群岛。因形似人状，原称将军石。因省内重名且位于小钦岛附近海域，第二次全国海域地名普查时更为今名。基岩岛。岸线长45米，面积114平方米，最高点高程12米。无植被。

大石篷（Dàshípéng）

北纬38°20.7′，东经120°50.1′。位于烟台市长岛县小钦岛西部海域，距小钦岛50米。属庙岛群岛。因该岛形似石头做成的大篷，故名。基岩岛。岸线长27米，面积51平方米，最高点高程2米。无植被。

东咀头岛（Dōngzuǐtóu Dǎo）

北纬38°20.7′，东经120°51.0′。位于烟台市长岛县小钦岛东部海域，距小钦岛40米。属庙岛群岛。位于小钦岛东侧，故名。基岩岛。岸线长36米，面积59平方米，最高点高程2米。长有草丛。

豆腐岛（Dòufu Dǎo）

北纬38°20.6′，东经120°51.1′。位于烟台市长岛县小钦岛东部海域，距小钦岛10米。属庙岛群岛。岛形整齐，远观像一块方方正正的豆腐，故名。基岩岛。岸线长19米，面积25平方米，最高点高程1.7米。无植被。

老汉岛（Lǎohàn Dǎo）

北纬38°20.6′，东经120°51.0′。位于烟台市长岛县小钦岛东部海域，距小钦岛10米。属庙岛群岛。因远观像老汉，故名。基岩岛。岸线长32米，面积61平方米，最高点高程4.5米。无植被。

小钦海鸭岛（Xiǎoqīn Hǎiyā Dǎo）

北纬38°20.4′，东经120°50.2′。位于烟台市长岛县小钦岛西南部海域，距小钦岛50米。属庙岛群岛。因远观形似海鸭，当地群众称其为海鸭岛。因省内重名且位于小钦岛附近海域，第二次全国海域地名普查时更为今名。基岩岛。岸线长25米，面积37平方米，最高点高程1.7米。无植被。

桥门礁（Qiáomén Jiāo）

北纬38°20.4′，东经120°50.2′。位于烟台市长岛县小钦岛西南部海域，距小钦岛30米。属庙岛群岛。桥门礁为当地群众惯称。基岩岛。岸线长53米，面积156平方米，最高点高程5.1米。无植被。

扬帆岛 (Yángfān Dǎo)

北纬 38°20.3′，东经 120°50.8′。位于烟台市长岛县小钦岛东南部海域，距小钦岛 20 米。属庙岛群岛。因远观像扬起的风帆，故名。基岩岛。岸线长 34 米，面积 76 平方米，最高点高程 4 米。无植被。

长疆岛 (Chángjiāng Dǎo)

北纬 38°20.3′，东经 120°50.8′。位于烟台市长岛县小钦岛东南部海域，距小钦岛 30 米。属庙岛群岛。因岛形长，当地俗称长疆岛。基岩岛。岸线长 37 米，面积 65 平方米，最高点高程 3.5 米。无植被。

馍馍岛 (Mómo Dǎo)

北纬 38°20.3′，东经 120°50.7′。位于烟台市长岛县小钦岛东南部海域，距小钦岛 40 米。属庙岛群岛。因远观像山东蒸馍，故名。基岩岛。岸线长 18 米，面积 24 平方米，最高点高程 3 米。无植被。

大瓦房岛 (Dàwǎfáng Dǎo)

北纬 38°20.3′，东经 120°50.1′。位于烟台市长岛县小钦岛西南部海域，距小钦岛 30 米。属庙岛群岛。因远观像高大的瓦房，故名。基岩岛。岸线长 65 米，面积 242 平方米，最高点高程 3 米。无植被。

南头岛 (Nántóu Dǎo)

北纬 38°20.2′，东经 120°50.1′。位于烟台市长岛县小钦岛西南部海域，距小钦岛 20 米。属庙岛群岛。位于小钦岛最南侧，故名。基岩岛。岸线长 15 米，面积 17 平方米，最高点高程 3 米。无植被。

大钦岛 (Dàqīn Dǎo)

北纬 38°18.0′，东经 120°49.0′。位于北隍城岛西南部海域，距大陆最近点 50.49 千米，属烟台市长岛县。属庙岛群岛。曾名歆岛、钦岛。唐代与小钦岛合称歆岛，宋时演变成钦岛，属蓬莱县沙门寨地。元、明属蓬莱县牵牛社。清代始称大钦岛。《中国海洋岛屿简况》（1980）、《中国海域地名志》（1989）和《山东省海岛志》（1995）均记为大钦岛。岸线长 16.77 千米，面积 6.426 8 平方千米，最高点高程 202.4 米。岛上基岩为石英岩和板岩。盛产蝎子，有天然蝎园之称。周边海域主要经济物种有刺参、皱纹盘鲍、栉孔扇贝、光棘球海胆、海带、裙带菜、巨藻和羊栖菜等。主要捕捞经济品种有鲅鱼、鲐鱼、鲆鲽类、对虾和鹰爪虾等。

该岛为大钦岛乡人民政府所在地，辖 4 个行政村。2011 年有户籍人口 4 374 人，常住人口 5 006 人。早在 6 000 ～ 7 000 年前岛上就有人类居住，后发现新石器时代以来东村南山遗址和北村三条沟遗址等遗址墓群、古建筑等 4 处。岛上有少许菜园及耕地，有通信运营商移动基站、小学、幼儿园、邮局等。建有造船厂、修船厂和中石油仓库及客运码头 1 个、渔业码头 3 个。淡水由海水淡化站供给，电力由海底电缆供给。建有育苗场多处，周边海域开展筏式养殖、网箱养殖、底播养殖等，主要养殖品种有海带、扇贝、许氏平鲉和大泷六线鱼等。

安桥岛 (Ānqiáo Dǎo)

北纬 38°18.9′，东经 120°50.1′。位于烟台市长岛县大钦岛北部海域，距大钦岛 20 米。属庙岛群岛。安桥岛为当地群众惯称。基岩岛。岸线长 82 米，面积 189 平方米，最高点高程 7 米。无植被。

大疆岛 (Dàjiāng Dǎo)

北纬 38°18.9′，东经 120°50.2′。位于烟台市长岛县大钦岛北部海域，距大钦岛 30 米。属庙岛群岛。因其体积较大，当地俗称大疆岛。基岩岛。岸线长 50 米，面积 134 平方米，最高点高程 9 米。无植被。

歪脖南岛 (Wāibó Nándǎo)

北纬 38°18.7′，东经 120°50.6′。位于烟台市长岛县大钦岛东北部海域，距大钦岛 20 米。属庙岛群岛。基岩岛。岸线长 35 米，面积 71 平方米，最高点高程 2.5 米。无植被。

大钦东北咀岛 (Dàqīn Dōngběizuǐ Dǎo)

北纬 38°18.6′，东经 120°50.6′。位于烟台市长岛县大钦岛东北部海域，距大钦岛 10 米。属庙岛群岛。位于大钦岛的东北头得名东北咀。因省内重名且位于大钦岛附近海域，第二次全国海域地名普查时更为今名。基岩岛。岸线长 27 米，面积 38 平方米，最高点高程 3.5 米。无植被。

老婆礁（Lǎopo Jiāo）

北纬 38°18.6′，东经 120°48.3′。位于烟台市长岛县大钦岛西部海域，距大钦岛 120 米。属庙岛群岛。因远观像老太婆，故名。基岩岛。岸线长 38 米，面积 86 平方米，最高点高程 10 米。无植被。

大钦大门岛（Dàqīn Dàmén Dǎo）

北纬 38°18.5′，东经 120°50.5′。位于烟台市长岛县大钦岛东部海域，距大钦岛 30 米。属庙岛群岛。当地俗称大门岛。因省内重名且位于大钦岛附近海域，第二次全国海域地名普查时更为今名。基岩岛。岸线长 60 米，面积 142 平方米，最高点高程 2.2 米。无植被。

沙鱼石（Shāyú Shí）

北纬 38°18.5′，东经 120°48.3′。位于烟台市长岛县大钦岛西部海域，距大钦岛 90 米。属庙岛群岛。沙鱼石为当地群众惯称。基岩岛。岸线长 32 米，面积 67 平方米，最高点高程 3 米。无植被。

舵螺礁（Duòluó Jiāo）

北纬 38°18.4′，东经 120°48.2′。位于烟台市长岛县大钦岛西部海域，距大钦岛 50 米。属庙岛群岛。该岛形似陀螺，“陀螺”谐音“舵螺”，故名。基岩岛。岸线长 104 米，面积 371 平方米，最高点高程 5 米。无植被。

小孩礓（Xiǎohái Jiāng）

北纬 38°18.4′，东经 120°48.2′。位于烟台市长岛县大钦岛西部海域，距大钦岛 30 米。属庙岛群岛。小孩礓为当地群众惯称。基岩岛。岸线长 73 米，面积 362 平方米，最高点高程 14 米。无植被。

西北礓（Xīběi Jiāng）

北纬 38°18.3′，东经 120°48.2′。位于烟台市长岛县大钦岛西部海域，距大钦岛 10 米。属庙岛群岛。该岛位于大钦岛的西北侧，“礓”即礁石的意思，由此得名。基岩岛。岸线长 9 米，面积 6 平方米，最高点高程 1 米。无植被。

大钦海鸭岛（Dàqīn Hǎiyā Dǎo）

北纬 38°18.3′，东经 120°48.2′。位于烟台市长岛县大钦岛西部海域，距大钦岛 100 米。属庙岛群岛。因常有海鸭子（学名鸊鷉）栖息于该岛，当地俗称海鸭岛。因省内重名且位于大钦岛附近海域，第二次全国海域地名普查时更为今名。基岩岛。岸线长 31 米，面积 68 平方米，最高点高程 3 米。无植被。

躺龙礁（Tǎnglóng Jiāo）

北纬 38°18.2′，东经 120°48.1′。位于烟台市长岛县大钦岛西部海域，距大钦岛 70 米。属庙岛群岛。该岛形似龙躺着的姿态，故名。基岩岛。岸线长 78 米，面积 242 平方米，最高点高程 3 米。无植被。

老头老婆礓（Lǎotóulǎopo Jiāng）

北纬 38°18.2′，东经 120°50.3′。位于烟台市长岛县大钦岛东部海域，距大钦岛 20 米。属庙岛群岛。老头老婆礓为当地群众惯称。基岩岛。岸线长 103 米，面积 345 平方米，最高点高程 11 米。长有草丛。

海狗礓（Hǎigǒu Jiāng）

北纬 38°18.1′，东经 120°50.3′。位于烟台市长岛县大钦岛东部海域，距大钦岛 20 米。属庙岛群岛。海狗礓为当地群众惯称。基岩岛。岸线长 53 米，面积 199 平方米，最高点高程 11 米。无植被。

海豹礓（Hǎibào Jiāng）

北纬 38°18.1′，东经 120°50.3′。位于烟台市长岛县大钦岛东部海域，距大钦岛 40 米。属庙岛群岛。海豹礓为当地群众惯称。基岩岛。岸线长 17 米，面积 16 平方米，最高点高程 3 米。无植被。

小海红礓（Xiǎohǎihóng Jiāng）

北纬 38°18.1′，东经 120°50.3′。位于烟台市长岛县大钦岛东南部海域，距大钦岛 50 米。属庙岛群岛。小海红礓为当地群众惯称。基岩岛。岸线长 38 米，面积 88 平方米，最高点高程 2.5 米。植被稀少。

鱼窝岛（Yúwō Dǎo）

北纬 38°18.1′，东经 120°50.2′。位于烟台市长岛县大钦岛东南部海域，距大钦岛 10 米。属庙岛群岛。因岛周围鱼类数量多，故名。基岩岛。岸线长 81 米，面积 402 平方米，最高点高程 15 米。长有草丛。岛顶端建有水泥台。

小海红岛 (Xiǎohǎihóng Dǎo)

北纬 38°18.1′，东经 120°50.3′。位于烟台市长岛县大钦岛东南部海域，距大钦岛 90 米。属庙岛群岛。当地俗称海红岛。因省内重名且面积较小，第二次全国海域地名普查时更为今名。基岩岛。岸线长 57 米，面积 201 平方米，最高点高程 8 米。无植被。

棒礁岛 (Bàngjiāo Dǎo)

北纬 38°18.1′，东经 120°50.1′。位于烟台市长岛县大钦岛东南部海域，距大钦岛 10 米。属庙岛群岛。该岛形似棒状，故名。基岩岛。岸线长 35 米，面积 79 平方米，最高点高程 10 米。长有草丛。

鲍鱼床 (Bàoyúchuáng)

北纬 38°18.0′，东经 120°49.4′。位于烟台市长岛县大钦岛南部海域，距大钦岛 20 米。属庙岛群岛。周边盛产野生鲍鱼，故名。基岩岛。岸线长 25 米，面积 43 平方米，最高点高程 2 米。无植被。

坑礓 (Kēng Jiāng)

北纬 38°17.9′，东经 120°49.5′。位于烟台市长岛县大钦岛南部海域，距大钦岛 20 米。属庙岛群岛。坑礓为当地群众惯称。基岩岛。岸线长 35 米，面积 67 平方米，最高点高程 6 米。无植被。

海牙岛 (Hǎiyá Dǎo)

北纬 38°17.9′，东经 120°49.3′。位于烟台市长岛县大钦岛南部海域，距大钦岛 30 米。属庙岛群岛。因形似尖尖的牙齿，当地俗称海牙岛。基岩岛。岸线长 27 米，面积 42 平方米，最高点高程 15 米。无植被。

弥陀礁 (Mítuó Jiāo)

北纬 38°17.9′，东经 120°48.2′。位于烟台市长岛县大钦岛西部海域，距大钦岛 10 米。属庙岛群岛。传说当年一得道高僧云游至此，遗失一本《弥陀经》，故名。基岩岛。岸线长 61 米，面积 168 平方米，最高点高程 3 米。无植被。

二井礁 (Èrjǐng Jiāo)

北纬 38°17.9′，东经 120°48.1′。位于烟台市长岛县大钦岛西部海域，距大钦岛 20 米。属庙岛群岛。二井礁为当地群众惯称。基岩岛。岸线长 40 米，面积 67 平方米，最高点高程 4 米。无植被。

站礁 (Zhàn Jiāo)

北纬 38°17.9′，东经 120°49.7′。位于烟台市长岛县大钦岛南部海域，距大钦岛 20 米。属庙岛群岛。岛形似站立的人，故名。基岩岛。岸线长 24 米，面积 35 平方米，最高点高程 6 米。无植被。

大井礁 (Dàjǐng Jiāo)

北纬 38°17.9′，东经 120°48.1′。位于烟台市长岛县大钦岛西部海域，距大钦岛 20 米。属庙岛群岛。大井礁为当地群众惯称。基岩岛。岸线长 44 米，面积 107 平方米，最高点高程 3 米。无植被。

海鸭礓 (Hǎiyā Jiāng)

北纬 38°17.9′，东经 120°48.1′。位于烟台市长岛县大钦岛西部海域，距大钦岛 30 米。属庙岛群岛。因常有海鸭在此栖息，“礓”即礁石的意思，由此得名。基岩岛。岸线长 32 米，面积 67 平方米，最高点高程 1 米。无植被。

五块石 (Wǔkuài Shí)

北纬 38°17.8′，东经 120°48.0′。位于烟台市长岛县大钦岛西部海域，距大钦岛 140 米。属庙岛群岛。当地有五块巨石呈一线入海，此石为第五块，故名。基岩岛。岸线长 22 米，面积 34 平方米，最高点高程 1.5 米。无植被。

西海红岛 (Xīhǎihóng Dǎo)

北纬 38°17.6′，东经 120°47.8′。位于烟台市长岛县大钦岛西南部海域，距大钦岛 50 米。属庙岛群岛。当地俗称海红岛。因省内重名且位于大钦岛西侧，第二次全国海域地名普查时更为今名。基岩岛。岸线长 31 米，面积 59 平方米，最高点高程 3 米。无植被。

汽船礓 (Qìchuán Jiāng)

北纬 38°17.5′，东经 120°47.7′。位于烟台市长岛县大钦岛西南部海域，距大钦岛 10 米。属庙岛群岛。汽船礓为当地群众惯称。基岩岛。岸线长 44 米，面积 112 平方米，最高点高程 1.5 米。无植被。

拜佛岛 (Bàifó Dǎo)

北纬 38°17.5′，东经 120°48.6′。位于烟台市长岛县大钦岛东南部海域，距大钦岛 10 米。属庙岛群岛。因岛形似一坐佛，当地群众称其为拜佛岛。基岩岛。岸线长 42 米，面积 94 平方米，最高点高程 10 米。无植被。岛顶端建有水泥台。

观音礁 (Guānyīn Jiāo)

北纬 38°17.5′，东经 120°48.6′。位于烟台市长岛县大钦岛东南部海域，距大钦岛 30 米。属庙岛群岛。观音礁为当地群众惯称。基岩岛。岸线长 45 米，面积 131 平方米，最高点高程 10 米。无植被。

瞪眼石 (Dèngyǎn Shí)

北纬 38°17.5′，东经 120°47.7′。位于烟台市长岛县大钦岛西南部海域，距大钦岛 20 米。属庙岛群岛。该岛周边海域常年浪大流急，渔民常常干瞪眼而不得过，故名。基岩岛。岸线长 85 米，面积 424 平方米，最高点高程 15 米。无植被。

南海红岛 (Nánhǎihóng Dǎo)

北纬 38°17.3′，东经 120°48.5′。位于烟台市长岛县大钦岛东南部海域，距大钦岛 10 米。属庙岛群岛。当地俗称海红岛。因省内重名且位于大钦岛南侧，第二次全国海域地名普查时更为今名。基岩岛。岸线长 69 米，面积 303 平方米，最高点高程 2 米。无植被。

汽船岛 (Qìchuán Dǎo)

北纬 38°17.3′，东经 120°47.7′。位于烟台市长岛县大钦岛西南部海域，距大钦岛 20 米。属庙岛群岛。汽船岛为当地群众惯称。基岩岛。岸线长 45 米，面积 95 平方米，最高点高程 4 米。无植被。

锥礁岛 (Zhuījiāo Dǎo)

北纬 38°17.1′，东经 120°47.8′。位于烟台市长岛县大钦岛西南部海域，距大钦岛 10 米。属庙岛群岛。该岛似倒立的锥子扎在大海中，故名。基岩岛。岸线长 47 米，面积 91 平方米，最高点高程 6 米。无植被。

砣矶岛 (Tuójī Dǎo)

北纬 38°09.5′，东经 120°44.6′。位于烟台市长岛县北长山岛北部海域，距大陆最近点36.01千米，隶属于烟台市长岛县。属庙岛群岛。唐代称龟岛，宋代称驼基岛，元代称鼍（tuó，巨鳖）矶岛，民国改为今名。传说岛形如鼍，可以填海。又传，唐太宗船泊竹山，见一岛如龟，卧于大竹山之北，有将士问“船发其岛乎”？太宗曰“脱矣”，即“越过”“远离”之意。后“脱矣”二字渐渐讲成砣矶。《中国海洋岛屿简况》（1980）、《中国海域地名志》（1989）和《山东省海岛志》（1995）均记为砣矶岛。岸线长22.13千米，面积7.093 7平方千米，最高点高程199米。岛上基岩为板岩，岩性复杂，出产多种名贵石料。是候鸟迁徙经由地，是鹰、隼和蝮蛇等的栖息地。

该岛是砣矶镇人民政府所在地，辖8个行政村。2011年有户籍人口8 400人。建有小学、影剧院、卫生院、邮政储蓄和边防派出所、联通移动信号基站等基础设施。淡水由海水淡化站供给，岛上的风力发电机组已并入山东电网。建有养殖场，进行海参育苗和养殖。周边海域有海带、扇贝筏式养殖，海参和海胆等海珍品底播养殖，许氏平鲉和大泷六线鱼等网箱养殖。

山嘴石岛（Shānzuǐshí Dǎo）

北纬38°11.0′，东经120°45.6′。位于烟台市长岛县砣矶岛东部海域，距砣矶岛730米。属庙岛群岛。又名山咀石。《中国海洋岛屿简况》（1980）记为山咀石。《中国海域地名志》（1989）和《山东省海岛志》（1995）记为山嘴石岛。基岩岛。岸线长370米，面积2 323平方米，最高点高程16.7米。无植被。

大鼻子岛（Dàbízi Dǎo）

北纬38°10.3′，东经120°46.0′。位于烟台市长岛县砣矶岛东部海域，距砣矶岛30米。属庙岛群岛。因远观该岛像巨大的鼻子，故名。基岩岛。岸线长173米，面积1 553平方米，最高点高程30米。

砣子岛（Tuózi Dǎo）

北纬38°09.3′，东经120°44.7′。位于烟台市长岛县砣矶岛南部海域，距砣矶岛280米。属庙岛群岛。又名砣子。因与砣矶岛相近，形若母子，故名。《中国海洋岛屿简况》（1980）记为砣子。《中国海域地名志》（1989）和《山东省海岛志》（1995）记为砣子岛。基岩岛。岸线长1.48千米，面积0.064 3平方千米，最高点高程 60.3 米。有连岛坝与砣矶岛相连，岛上建有砣矶港客运码头、油库、太阳能电池板及灯塔。

东咀石东岛 (Dōngzuǐshí Dōngdǎo)

北纬 38°09.2′，东经 120°47.1′。位于烟台市长岛县砣矶岛东部海域，距砣矶岛 760 米。属庙岛群岛。基岩岛。岸线长 52 米，面积 144 平方米，最高点高程 5 米。长有草丛。

砣子西岛 (Tuózi Xīdǎo)

北纬 38°09.1′，东经 120°44.7′。位于烟台市长岛县砣矶岛南部海域，距砣矶岛 510 米。属庙岛群岛。位于砣子岛西侧，故名。基岩岛。岸线长 32 米，面积 62 平方米，最高点高程 12 米。长有草丛。

砣子南岛 (Tuózi Nándǎo)

北纬 38°09.0′，东经 120°44.8′。位于烟台市长岛县砣矶岛南部海域，距砣矶岛 750 米。属庙岛群岛。位于砣子岛南侧，故名。基岩岛。岸线长 10 米，面积 8 平方米，最高点高程 2 米。无植被。

高山岛 (Gāoshān Dǎo)

北纬 38°08.0′，东经 120°38.4′。位于烟台市长岛县北长山岛西北部海域，距大陆最近点 34.38 千米。属庙岛群岛。因系群岛中平均海拔最高的海岛，故名。《中国海洋岛屿简况》（1980）、《中国海域地名志》（1989）和《山东省海岛志》（1995）均记为高山岛。基岩岛。岸线长 3.76 千米，面积 0.395 1 平方千米，最高点高程 202.8 米。周边海域盛产对虾、海参、鲍鱼、海胆等。岛上建有简易码头 1 座、数排房屋、中国移动信号发射塔，开垦有少量耕地。淡水由收集雨水和外运供给，电力由柴油机发电供给。

姊妹峰 (Zǐmèifēng)

北纬 38°08.7′，东经 120°38.4′。位于烟台市长岛县高山岛北部海域，距高山岛 70 米。属庙岛群岛。由两块相距很近的海蚀柱组成，形似两姐妹，故名姊妹峰。基岩岛。岸线长 97 米，面积 485 平方米，最高点高程 35 米。长有草丛。

高山北岛 (Gāoshān Běidǎo)

北纬 38°08.6′，东经 120°38.4′。位于烟台市长岛县高山岛北部海域，距高山岛 10 米。属庙岛群岛。位于高山岛北侧，故名。基岩岛。岸线长 29 米，面积 62 平方米，最高点高程 1.7 米。无植被。

高山将军石 (Gāoshān Jiāngjūn Shí)

北纬 38°08.3′，东经 120°38.0′。位于烟台市长岛县高山岛西部海域，距高山岛 120 米。属庙岛群岛。当地俗称将军石。因省内重名且位于高山岛附近海域，第二次全国海域地名普查时更为今名。基岩岛。岸线长 38 米，面积 91 平方米，最高点高程 30 米。长有草丛。

小高山岛 (Xiǎogāoshān Dǎo)

北纬 38°08.0′，东经 120°38.5′。位于烟台市长岛县高山岛南部海域，距高山岛 90 米。属庙岛群岛。位于高山岛附近，面积小于高山岛，故名。《中国海域地名志》（1989）和《山东省海岛志》（1995）记为小高山岛。基岩岛。岸线长 142 米，面积 849 平方米，最高点高程 12.7 米。长有草丛。

小高山西岛 (Xiǎogāoshān Xīdǎo)

北纬 38°08.0′，东经 120°38.5′。位于烟台市长岛县高山岛南部海域，距高山岛 70 米。属庙岛群岛。位于小高山岛西侧，故名。基岩岛。岸线长 34 米，面积 85 平方米，最高点高程 2 米。长有草丛。

车由岛 (Chēyóu Dǎo)

北纬 38°04.1′，东经 120°51.1′。位于烟台市长岛县北长山岛东北部海域，距大陆最近点 26.11 千米。属庙岛群岛。元代称牵牛岛，民国初始称车由岛，亦有纱帽、沙磨等别称。该岛与大竹山岛、小竹山岛成三角位置，有二马拉车之说，故名。因岛上栖息的海鸟众多，故有万鸟岛之称。《中国海洋岛屿简况》（1980）、《中国海域地名志》（1989）和《山东省海岛志》（1995）均记为车由岛。基岩岛。岸线长 2.01 千米，面积 0.052 7 平方千米，最高点高程 73.5 米。该岛属车由岛生态保护基地。周边海域盛产对虾、海参、鲍鱼和海胆等海产品。岛上建有车由岛管理站、码头、养殖看护房。淡水依靠外运供给，电力由柴油机发电供给。

小车由岛（Xiǎochēyóu Dǎo）

北纬 38°04.1′，东经 120°51.1′。位于烟台市长岛县车由岛西部海域，距车由岛 10 米。属庙岛群岛。该岛邻近车由岛，面积较小，故名。基岩岛。岸线长 48 米，面积 151 平方米，最高点高程 14 米。长有草丛。

平台石岛（Píngtáishí Dǎo）

北纬 38°04.3′，东经 120°51.2′。位于烟台市长岛县车由岛北部海域，距车由岛 30 米。属庙岛群岛。该岛形似平台，故名。基岩岛。岸线长 51 米，面积 107 平方米，最高点高程 2 米。无植被。

猴矶岛（Hóujī Dǎo）

北纬 38°03.5′，东经 120°38.4′。位于烟台市长岛县北长山岛西北部海域，距大陆最近点 25.99 千米。属庙岛群岛。俯视该岛如躺卧的石猴，故名。曾名矶岛。清代称侯鸡岛，民国初期演变为猴矶岛。《中国海洋岛屿简况》（1980）、《中国海域地名志》（1989）和《山东省海岛志》（1995）均记为猴矶岛。基岩岛。岸线长 3.49 千米，面积 0.271 4 平方千米，最高点高程 88.1 米。周边海域盛产对虾、海参、鲍鱼等海产品。2011 年有常住人口 15 人。有航标灯塔和大地控制点。西侧中段建有码头。淡水由附近岛屿运输和收集雨水供给，电力由柴油机发电和太阳能电板供给。

小猴矶岛（Xiǎohóujī Dǎo）

北纬 38°03.8′，东经 120°38.3′。位于烟台市长岛县猴矶岛西北部海域，距猴矶岛 90 米。属庙岛群岛。曾名小石侯岛。位于猴矶岛附近，面积较小，故名。《中国海洋岛屿简况》（1980）、《中国海域地名志》（1989）和《山东省海岛志》（1995）均记为小猴矶岛。基岩岛。岸线长 129 米，面积 652 平方米，最高点高程 23.3 米。长有草丛。

小宝塔岛（Xiǎobǎotǎ Dǎo）

北纬 38°03.8′，东经 120°38.6′。位于烟台市长岛县猴矶岛北部海域，距猴矶岛 30 米。属庙岛群岛。该岛形似宝塔，故名。基岩岛。岸线长 38 米，面积 102 平方米，最高点高程 6 米。植被稀少。

千层石岛 (Qiāncéngshí Dǎo)

北纬 38°03.2′，东经 120°38.5′。位于烟台市长岛县猴矶岛南部海域，距猴矶岛 100 米。属庙岛群岛。因其岩石多层的特征而得名。基岩岛。岸线长 21 米，面积 29 平方米，最高点高程 15 米。无植被。

北长山岛 (Běichángshān Dǎo)

北纬 37°58.5′，东经 120°42.3′。位于南长山岛北部海域，距大陆最近点 14.15 千米，隶属于烟台市长岛县。属庙岛群岛。曾名大谢岛、长山岛。唐代在岛上设大谢戍，称大谢岛，后因远看与南长山岛连为一体，犹如一条长长的山脉，故二岛称长山岛，清代始分别称南、北长山岛。本岛位于北侧，故名。《中国海洋岛屿简况》（1980）、《中国海域地名志》（1989）和《山东省海岛志》（1995）均记为北长山岛。岸线长 16.85 千米，面积 7.972 4 平方千米，最高点高程 195.7 米。岛上基岩为石英岩，沿岸海蚀崖发育，其间夹有 4 个海湾。靠长山水道，是黄海和渤海鱼、虾繁殖洄游必经之地，浮游生物繁多，渔业资源主要有对虾、鲅鱼、梭鱼、牙鲆等。潮间带经济生物种类比例较大，有刺参、牡蛎、扇贝、贻贝及海带、裙带菜、紫菜、石花菜、黑藻菜等藻类。

该岛是北长山乡人民政府所在地，辖 4 个行政村，以海堤公路与县城驻地南长山岛相连。2011 年有户籍人口 2 879 人，常住人口 3 241 人。岛上建有学校、幼儿园、敬老院、医院、银行、邮电、商场等公共服务设施。位于长岛国家级重点风景名胜区和自然保护区内，风景秀丽，气候宜人，奇礁异石环岛遍布。有钓鱼岛、月牙湾、九丈崖风景区、珍珠门商代遗址等著名景点，岛上居民多开展渔家乐等旅游开发活动。岛上建有栉孔扇贝养殖基地，开展扇贝育苗和养殖。淡水由海水淡化站供给，电力由海底电缆供给。

大竹山岛 (Dàzhúshān Dǎo)

北纬 38°01.4′，东经 120°56.0′。位于烟台市长岛县北长山岛东北部海域，距大陆最近点 21.63 千米。属庙岛群岛。又名大竹山。因岛上长有竹林，元代称大竹岛，民国初期始称大竹山岛。另说因岛上空曾出现竹林海市，故名。《中国海洋岛屿简况》（1980）、《中国海域地名志》（1989）和《山东省海岛志》（1995）

均记为大竹山。基岩岛。岸线长6.49千米，面积1.528 8平方千米，最高点高程194.5米。周边海域盛产对虾、海参、鲍鱼和海胆等海产品。岛上建有养殖场，南部中段建有码头，开垦有农场菜地。主峰顶端建有灯塔和移动信号塔。淡水依靠外运供给，电力依靠海底电缆供给。

小竹山岛 (Xiǎozhúshān Dǎo)

北纬38°01.1′，东经120°52.3′。位于烟台市长岛县北长山岛东北部海域，距大陆最近点20.71千米。属庙岛群岛。又名小竹山。位于大竹山岛附近且面积小于大竹山岛，故名。《中国海洋岛屿简况》（1980）、《中国海域地名志》（1989）和《山东省海岛志》（1995）均记为小竹山岛。基岩岛。岸线长2.49千米，面积0.266 7平方千米，最高点高程97.3米。岛上建有养殖看护房和楼房，住有看海人。中部峰顶建有灯桩和航标灯塔。南端建有码头。北侧有石阶通往岛顶。无淡水、电力。

貔貅石 (Píxiū Shí)

北纬38°01.5′，东经120°52.1′。位于烟台市长岛县小竹山岛北部海域，距小竹山岛10米。属庙岛群岛。该岛形似貔貅（古书上说的一种猛兽），故名。基岩岛。岸线长38米，面积98平方米，最高点高程5米。无植被。

马枪石岛 (Mǎqiāngshí Dǎo)

北纬37°59.9′，东经120°39.7′。位于烟台市长岛县北长山岛西部海域，距离北长山岛1.89千米。属庙岛群岛。又名大马长石、马枪石。《中国海洋岛屿简况》（1980）记为大马长石。《中国海域地名志》（1989）记为马枪石。《山东省海岛志》（1995）载：该岛古称马掌石，后演变成马枪石，传说因其远看形似老式马枪而得名。基岩岛。岸线长287米，面积2 888平方米，最高点高程8.9米。长有草丛。

大海豹岛 (Dàhǎibào Dǎo)

北纬37°59.6′，东经120°40.1′。位于烟台市长岛县北长山岛西部海域，距北长山岛1.2千米。属庙岛群岛。因常有海豹暂栖于此，得名海豹岛。因省内重名，第二次全国海域地名普查时更为今名。基岩岛。岸线长100米，面积329平方米，最高点高程 2.5 米。无植被。

三跳石（Sāntiào Shí）

北纬 37°59.4′，东经 120°40.9′。位于烟台市长岛县北长山岛北部海域，距北长山岛 50 米。属庙岛群岛。该岛有三块巨石呈一线入海，故名。基岩岛。岸线长 46 米，面积 120 平方米，最高点高程 2 米。无植被。

门槛岛（Ménkǎn Dǎo）

北纬 37°59.4′，东经 120°40.9′。位于烟台市长岛县北长山岛北部海域，距北长山岛 10 米。属庙岛群岛。门槛岛为当地群众惯称。基岩岛。岸线长 131 米，面积 454 平方米，最高点高程 3 米。无植被。有桥与陆地相连。位于九丈崖风景区内，已开发为旅游点。

挡浪岛（Dǎnglàng Dǎo）

北纬 37°59.2′，东经 120°40.0′。位于烟台市长岛县北长山岛西部海域，距北长山岛 1 千米。属庙岛群岛。又名打连岛、钓鱼岛。因处于珍珠门水道和宝塔门水道中间，可以阻挡北方来的大浪，故名。《中国海洋岛屿简况》（1980）记为打连岛。《中国海域地名志》（1989）和《山东省海岛志》（1995）记为挡浪岛。当地政府因开发旅游垂钓需要，称其为钓鱼岛。基岩岛。岸线长 2.79 千米，面积 0.116 1 平方千米，最高点高程 35.9 米。已开发旅游垂钓，建有码头，用于旅游季节游船往来北长山岛。岛上有环岛路，建有航标灯塔。淡水依靠输送供给，电力由太阳能及风力发电供给。

蝎岛（Xiē Dǎo）

北纬 37°59.1′，东经 120°40.1′。位于烟台市长岛县北长山岛西部海域，距离北长山岛 1.29 千米。属庙岛群岛。又名蝎毒岛，曾名蝎际岛、蝎冢岛。《中国海洋岛屿简况》（1980）记为 681。《中国海域地名志》（1989）和《山东省海岛志》（1995）记为蝎毒岛。当地俗称蝎岛，因低潮时西侧沙坝露出海面与挡浪岛连接，远看犹如蝎子尾部翘起的毒刺而得名。基岩岛。岸线长 307 米，面积 4 185 平方米，最高点高程 9.8 米。长有草丛、灌木。

南香炉礁南岛 (Nánxiānglújiāo Nándǎo)

北纬 37°59.0′，东经 120°40.7′。位于烟台市长岛县北长山岛西部海域，距北长山岛 640 米。属庙岛群岛。基岩岛。岸线长 176 米，面积 347 平方米，最高点高程 3.2 米。无植被。

螳螂岛 (Tángláng Dǎo)

北纬 37°58.7′，东经 120°40.6′。位于烟台市长岛县北长山岛西部海域，距北长山岛 830 米。属庙岛群岛。俯视该岛形似螳螂，故名。《中国海洋岛屿简况》（1980）、《中国海域地名志》（1989）和《山东省海岛志》（1995）均记为螳螂岛。基岩岛。岸线长 2.42 千米，面积 0.168 8 平方千米，最高点高程 54.7 米。岛上建有简易养殖看护房，周边海域底播海参、鲍鱼。淡水依靠淡水井供给，电力依靠柴油机发电供给。

小黑山岛 (Xiǎohēishān Dǎo)

北纬 37°58.2′，东经 120°38.7′。位于烟台市长岛县北长山岛西部海域，距大陆最近点 16.43 千米，隶属于长岛县。属庙岛群岛。又名黑山岛。离大黑山岛较近，相对于大黑山岛面积较小，故名。《中国海洋岛屿简况》（1980）、《中国海域地名志》（1989）和《山东省海岛志》（1995）均记为小黑山岛。岸线长 5.97 千米，面积 1.227 平方千米，最高点高程 95.1 米。基岩岛，岛上岩层为石英岩，地层为上元古界蓬莱群辅子夼组，夹有少量中薄层石英岩，含少量长石及铁质矿物。

有居民海岛。岛上有 1 个村，设小黑山办事处。2011 年有户籍人口 261 人，常住人口 258 人。有耕地种植蔬菜等，并建有风力发电装置、移动信号基站。淡水依靠海水淡化站供给，电力依靠海底电缆供给。有交通客运码头。岛上建有海参育苗场，周边海域开展扇贝、海带和刺参等海珍品养殖。

犁犋把岛 (Líjùbà Dǎo)

北纬 37°58.8′，东经 120°39.2′。位于烟台市长岛县小黑山岛东北部海域，距小黑山岛 360 米。属庙岛群岛。又名吕家坝子、来家坝子。远看形似犁犋，故名。《中国海洋岛屿简况》（1980）记为来家坝子。《中国海域地名志》（1989）和《山东省海岛志》（1995）记为犁椇把岛。基岩岛。岸线长 595 米，面积 8 519 平方米，最高点高程 22.4 米。长有草丛、灌木。岛上有为开发旅游资源而修建的台阶，建有简易码头、航标灯塔。

大黑山岛 (Dàhēishān Dǎo)

北纬 37°57.9′，东经 120°37.4′。位于烟台市长岛县小黑山岛西部海域，距大陆最近点 16.01 千米，隶属于烟台市长岛县。属庙岛群岛。曾名黑岛。明代与小黑山岛统称黑岛，清代因其主峰老黑山而始称今名。《中国海洋岛屿简况》（1980）、《中国海域地名志》（1989）和《山东省海岛志》（1995）均记为大黑山岛。岸线长 14.05 千米，面积 7.36 平方千米，最高点高程 189 米。岛上基岩为石英岩和板岩，地层属上元古界蓬莱群辅子夼组，2005 年被评为国家级地质公园。岛上林茂草盛，森林覆盖率达 60%，是我国鸟类南北迁徙的主要栖息地，每年经此地的鸟类有 200 多种，数十万只。盛产蝮蛇，被称为中国第二蛇岛。

该岛是黑山乡人民政府所在地，辖 5 个行政村。2011 年有户籍人口 1 493 人，常住人口 1 823 人。岛上有狮子石、九门洞、龙爪山、仙人洞、石楼等和被考古学家称为“东半坡”的北庄遗址等景区。开垦有耕地，建有信号基站，设有国家鸟类环志保护站。淡水依靠蓄水塘和海水淡化站供给，电力依靠海底电缆供给。周边海域养殖海带、裙带菜、紫菜、石花菜、扇贝、牡蛎和刺参等。

石楼 (Shílóu)

北纬 37°58.9′，东经 120°37.3′。位于烟台市长岛县大黑山岛北部海域，距大黑山岛 10 米。属庙岛群岛。曾名假楼。因岛体中部有一似窗门的透口洞，整个岛看起来像一幢小楼，故名。基岩岛。岸线长 76 米，面积 150 平方米，最高点高程 20 米。是旅游景点，有 1 座铁索桥与大黑山岛相连。

楼盘礁 (Lóupán Jiāo)

北纬 37°58.7′，东经 120°36.1′。位于烟台市长岛县大黑山岛北部海域，距大黑山岛 30 米。属庙岛群岛。该岛形似一座建筑楼宇，故名。基岩岛。岸线长 36 米，面积 57 平方米，最高点高程 6 米。无植被。

南砣子岛 (Nántuózi Dǎo)

北纬 37°56.4′，东经 120°37.2′。位于烟台市长岛县大黑山岛南部海域，距大黑山岛 0.49 千米。属庙岛群岛。又名大砣子、南砣子。当地居民为与长岛县北部的砣子岛相区别，据其地理位置相较砣子岛靠南，称其为南砣子岛。《中国海洋岛屿简况》（1980）记为大砣子。《中国海域地名志》（1989）和《山东省海岛志》（1995）记为南砣子岛。《全国海岛名称与代码》（HY / T 119—2008）称其为南砣子。基岩岛。岸线长 2.68 千米，面积 0.155 5 平方千米，最高点高程 15.1 米。岛北侧有海参养殖池，西北角有养殖看护房和菜园。有风速测定装置。淡水依靠陆地供给，电力依靠简易风电设备供给。

鱼鳞岛 (Yúlín Dǎo)

北纬 37°55.9′，东经 120°37.7′。位于烟台市长岛县大黑山岛南部海域，距大黑山岛 1.52 千米。属庙岛群岛。因海滩多卵石，在阳光下似鱼鳞闪闪发光，故名。《中国海洋岛屿简况》（1980）、《中国海域地名志》（1989）和《山东省海岛志》（1995）均记为鱼鳞岛。基岩岛。岸线长 350 米，面积 5 682 平方米，最高点高程 19.5 米。长有草丛、灌木。岛上建有养殖看护房 1 间、测风塔 1 座。淡水依靠蓄水井收集雨水和外运供给，无电力。岛周围底播海参、鲍鱼。

庙岛 (Miào Dǎo)

北纬 37°56.8′，东经 120°41.2′。位于烟台市长岛县南长山岛西部海域，距大陆最近点 11.82 千米，隶属于烟台市长岛县。属庙岛群岛。宋代称沙门岛，为犯人流放地。宋宣和四年（1122 年）福建船民在此建“天后宫”庙，清代始称庙岛。《中国海洋岛屿简况》（1980）、《中国海域地名志》（1989）和《山东省海岛志》（1995）均记为庙岛。岸线长 8.43 千米，面积 1.468 7 平方千米，最高点高程 98.3 米。岛上基岩为石英岩。北面为长山水道，是鱼、虾洄游必经之路，主要品种有对虾、鲅鱼、牙鲆、鲳鱼等。

该岛是庙岛办事处所在地，辖 2 个行政村。2011 年有户籍人口 436 人，常住人口 462 人。岛上建有幼儿园、派出所、移动信号基站、交通码头等基础设施。有天后宫庙和全国第一座航海博物馆。淡水依靠淡水井和苦咸水淡化设施供给，电力依靠海底电缆供给。建有养殖场和育苗场，周边海域开展扇贝、海带筏式养殖和鱼类网箱养殖等。

羊砣子岛 (Yángtuózi Dǎo)

北纬 37°56.6′，东经 120°40.3′。位于烟台市长岛县庙岛西部海域，距庙岛 100 米。属庙岛群岛。当地群众惯称羊砣子。《中国海洋岛屿简况》(1980) 和《中国海域地名志》（1989）记为羊砣子岛。基岩岛。岸线长 1.69 千米，面积 0.108 8 平方千米，最高点高程 26.4 米。岛上有养殖场和育苗场，建有养殖看护房多间。淡水依靠岛外供给，电力依靠电缆供给。

牛砣子岛 (Niútuózi Dǎo)

北纬 37°55.8′，东经 120°40.3′。位于烟台市长岛县庙岛西南部海域，距庙岛 470 米。属庙岛群岛。《中国海洋岛屿简况》(1980) 和《中国海域地名志》（1989）等记为牛砣子岛。基岩岛。岸线长 1.3 千米，面积 0.066 2 平方千米，最高点高程 26.4 米。岛上建有养殖看护房多间。淡水依靠外运供给，电力依靠太阳能发电供给。

烧饼岛 (Shāobing Dǎo)

北纬 37°57.5′，东经 120°41.2′。位于烟台市长岛县庙岛东北部海域，距庙岛 780 米。属庙岛群岛。曾名小平岛、芙蓉岛。因岛形扁平如烧饼，故名。《中国海洋岛屿简况》（1980）、《中国海域地名志》（1989）和《山东省海岛志》（1995）均记为烧饼岛。基岩岛。岸线长 552 米，面积 0.015 5 平方千米，最高点高程 19.6 米。岛上建有养殖看护房 1 间和简易码头 1 座。淡水依靠外运供给，电力依靠太阳能发电供给。

南长山岛 (Nánchángshān Dǎo)

北纬 37°55.3′，东经 120°44.2′。位于烟台市蓬莱市北部海域，距大陆最近点 6.57 千米，隶属于烟台市长岛县。属庙岛群岛。曾名大谢岛、长山岛。唐代在岛上设大谢戍，称大谢岛。历史上该岛与北长山岛合称长山岛，因远看与北长山岛连为一体，犹如一条长长的山脉，故名。清末始有南、北长山之分，本岛位于南侧，故名。《中国海域地名志》（1989）记为南长山岛。岸线长 24.32

千米，面积 13.295 1 平方千米，最高点高程 155.9 米。岛上基岩为石英岩和板岩。海岸地貌类型多样，有海蚀平台、海蚀崖、海蚀洞及海蚀穴，构成许多岸源自然景观。堆积地貌砾石滩、砾石嘴分布普遍。该岛扼渤海海峡，是鱼、虾繁殖洄游的必经之路，主要品种有对虾、鲅鱼、牙鲆、黄姑鱼、鲳鱼和其他多种小杂鱼等。鸟类资源丰富，是中国部分候鸟南迁北往的必经之地，素有“候鸟旅站”之称，每年春、秋两季，途经该岛的候鸟数以万计。近岸海洋生物繁多，有 200 余种，其中经济种类所占比例较大，主要有刺参、牡蛎、扇贝、贻贝、海带、裙带菜、紫菜、石花菜和仙菜等。

该岛是长岛县人民政府和南长山镇人民政府所在地，为政治、经济和文化中心，南长山镇辖 11 个行政村。2011 年有户籍人口 18 657 人，常住人口 16 082 人。有玉石街海堤公路与北长山岛相连。岛上建有峰山鸟馆、历史博物馆、黄海和渤海分界碑等人文景观。开垦有少量耕地，建有幼儿园、小学、中学，移动联通信号基站、电视接收塔、加油站等基础设施。建有长岛客运码头，有客运船每天往返于蓬莱及其他海岛。修有水泥公路，客车可达北长山岛及岛内主要村庄。淡水依靠蓄水池和海水淡化站供给。电力依靠大型风力发电机、海底电缆供给。

王沟大黑石 (Wánggōu Dàhēi Shí)

北纬 37°56.3′，东经 120°45.1′。位于烟台市长岛县南长山岛东部海域，距南长山岛 260 米。属庙岛群岛。因岩石黝黑，当地俗称大黑石。因省内重名且位于王沟村附近，第二次全国海域地名普查时更为今名。基岩岛。岸线长 52 米，面积 147 平方米，最高点高程 1 米。无植被。岛上建有一水泥石墩。

二黑石 (Èrhēi Shí)

北纬 37°56.3′，东经 120°45.1′。位于烟台市长岛县南长山岛东部海域，距南长山岛 240 米。属庙岛群岛。因紧邻王沟大黑石且面积较小，故名。基岩岛。岸线长 21 米，面积 29 平方米，最高点高程 1 米。无植被。

老蛙石 (Lǎowā Shí)

北纬 37°53.6′，东经 120°45.1′。位于烟台市长岛县南长山岛南部海域，长岛长山尾海洋地质遗迹海洋特别保护区内，距南长山岛 120 米。属庙岛群岛。

该岛远观形似青蛙，故名。基岩岛。岸线长 11 米，面积 9 平方米，最高点高程 1 米。无植被。

桑岛 (Sāng Dǎo)

北纬 37°46.3′，东经 120°26.9′。位于烟台市龙口市北部海域，距大陆最近点 2.51 千米，隶属于龙口市。其名来源有三：一说该岛形似桑叶，一说岛上原先长满了桑树，另一种说法是沧海变桑田之意，故名。《中国海洋岛屿简况》（1980）、《中国海域地名志》（1989）和《山东省海岛志》（1995）等均记为桑岛。岸线长 12.27 千米，面积 2.170 3 平方千米，最高点高程 9.2 米。岛上基岩主要由气孔状伊丁石化橄榄粗玄岩组成，残积物主要是棕色亚黏土，海积物由贝壳、砂和砾石组成。

有居民海岛。2011 年有户籍人口 1 830 人，常住人口 1 870 人。有桑岛名称标志。岛上建有桑岛度假村酒店、公路、码头。南侧和东侧为停泊渔船区域。岛上开垦有菜园，建有灯塔、信号塔 2 座、养殖看护房 2 间，周边建有围堰养殖池。淡水依靠深水井淡化处理供给。电力依靠海底电缆。

依岛 (Yī Dǎo)

北纬 37°47.2′，东经 120°25.5′。位于烟台市龙口市北部，桑岛以西海域，龙口依岛省级自然保护区内，距大陆最近点 5.03 千米。因其表层为沙质结构，曾称沙岛。又因其与桑岛相依，故名依岛。《中国海洋岛屿简况》（1980）、《中国海域地名志》（1989）和《山东省海岛志》（1995）均记为依岛。基岩岛。岸线长 1.1 千米，面积 0.060 3 平方千米，最高点高程 5.8 米。2011 年有常住人口 8 人。岛上建有房屋数间。淡水依靠岛上 2 口蓄水井供给，电力依靠 3 个简易风力发电机供给。周边海域底播养殖海参。

香岛 (Xiāng Dǎo)

北纬 36°36.2′，东经 120°48.6′。位于烟台市莱阳市南部海域，距大陆最近点 950 米。曾名香花岛。据《莱阳县志》（1935）载：岛上多生马樱（芙蓉）、苦楝子、刺槐、山梨，杂以山花野草，丰茸葱茂，百花竞放，取名香花岛。《中国海域地名志》（1989）记为香花岛。《中国海洋岛屿简况》（1980）和《山东省海岛志》（1995）等记为香岛。基岩岛。岸线长 606 米，面积 0.021 3 平方千米，最高点高程 15.9 米。岛上曾建天后圣母庙并有明进士张允抡撰写的碑记。1976 年和 1987 年岛北侧两次炸岛建筑虾池。岛上建有养殖看护房 1 处、简易帐篷 2 座。淡水和电力依靠陆地供给。

芙蓉岛 (Fúróng Dǎo)

北纬 37°18.7′，东经 119°49.1′。位于烟台市莱州市北部海域，距大陆最近点 4.45 千米。《山东省海岛志》（1995）载：明代大学士毛纪与正德皇帝对弈取胜赢得该岛，因慕其绚丽佳美，遂以幼女乳名“芙蓉”取为岛称，并流传至今。据《掖县志》记载：“芙蓉岛，隔海岸五十里，翠螺一点，泛泛烟波中，状若蜉蝣。”故又名蜉蝣岛。《中国海洋岛屿简况》（1980）和《中国海域地名志》（1989）记为芙蓉岛。基岩岛。岸线长 2.64 千米，面积 0.287 4 平方千米，最高点高程 75.7 米。岛上有养殖看护房、蓄水井及小型风力发电设施，周围海域养殖海参、鲍鱼等。

大象岛 (Dàxiàng Dǎo)

北纬 37°49.3′，东经 120°55.8′。位于烟台市蓬莱市东南部海域，距大陆最近点 250 米。又名象石。因形状像一头大象卧伏于海面，故名。基岩岛。岸线长 96 米，面积 270 平方米，最高点高程 5 米。无植被。

铜井黑石岛 (Tóngjǐng Hēishí Dǎo)

北纬 37°49.2′，东经 120°55.6′。位于烟台市蓬莱市东南部海域，距大陆最近点 160 米。当地俗称黑石，因省内重名且位于铜井村附近，更为今名。因其岩石颜色较深，故名。基岩岛。岸线长 63 米，面积 254 平方米，最高点高程 5 米。无植被。

黄江岛 (Huángjiāng Dǎo)

北纬 37°49.2′，东经 120°55.6′。位于烟台市蓬莱市东南部海域，距大陆最近点 150 米。黄江岛为当地群众惯称。基岩岛。岸线长 118 米，面积 343 平方米，最高点高程 10 米。低潮时与陆地相连。无植被。岛上有在建泵房 1 间，用于给陆上养殖场抽水。

大里白石（Dàlǐbái Shí）

北纬 37°49.1′，东经 120°55.2′。位于烟台市蓬莱市东南部海域，距大陆最近点 250 米。又名大白石。基岩岛。岸线长 143 米，面积 330 平方米，最高点高程 4 米。无植被。

小里白石（Xiǎolǐbái Shí）

北纬 37°49.0′，东经 120°55.1′。位于烟台市蓬莱市东南部海域，距大陆最近点 140 米。基岩岛。岸线长 180 米，面积 470 平方米，最高点高程 10 米。无植被。

北鸳鸯石岛（Běiyuānyāngshí Dǎo）

北纬 37°49.1′，东经 120°56.2′。位于烟台市蓬莱市东南部海域，距大陆最近点 360 米。又名鸳鸯石。当地群众将附近的南、北两个岛屿统称鸳鸯石，因其方位靠北，故名。基岩岛。岸线长 49 米，面积 110 平方米，最高点高程 2 米。无植被。

南鸳鸯石岛（Nányuānyāngshí Dǎo）

北纬 37°49.1′，东经 120°56.2′。位于烟台市蓬莱市东南部海域，距大陆最近点 380 米。又名鸳鸯石。当地群众将附近的南、北两个岛屿统称鸳鸯石，因其方位靠南，故名。基岩岛。岸线长 40 米，面积 108 平方米，最高点高程 6 米。无植被。

西四石岛（Xīsìshí Dǎo）

北纬 37°47.9′，东经 120°56.6′。位于烟台市蓬莱市东南部海域，距大陆最近点 160 米。又名四石。有东、西两个海岛原统称为四石，该岛位于西侧，故名。基岩岛。岸线长 31 米，面积 34 平方米，最高点高程 2 米。无植被。

东四石岛（Dōngsìshí Dǎo）

北纬 37°47.8′，东经 120°56.7′。位于烟台市蓬莱市东南部海域，距大陆最近点 360 米。又名四石。有东、西两个海岛原统称为四石，该岛位于东侧，故名。基岩岛。岸线长 17 米，面积 15 平方米，最高点高程 2 米。无植被。

西驮蒌阁岛（Xītuólóugé Dǎo）

北纬 37°46.2′，东经 120°57.9′。位于烟台市蓬莱市东南部海域，距大陆最近点 980 米。又名驮蒌阁。有东、西两个海岛原统称为驮蒌阁，该岛位于西侧，第二次全国海域地名普查时命为今名。基岩岛。岸线长 38 米，面积 105 平方米，最高点高程 4 米。无植被。

东驮蒌阁岛 (Dōngtuólóugé Dǎo)

北纬 37°46.2′，东经 120°57.9′。位于烟台市蓬莱市东南部海域，距大陆最近点 980 米。又名驮蒌阁。有东、西两个海岛原统称为驮蒌阁，该岛位于东侧，第二次全国海域地名普查时命为今名。基岩岛。岸线长 28 米，面积 38 平方米，最高点高程 4 米。无植被。

老黄石 (Lǎohuáng Shí)

北纬 37°45.2′，东经 120°59.6′。位于烟台市蓬莱市东南部海域，距大陆最近点 210 米。老黄石为当地群众惯称。基岩岛。岸线长 123 米，面积 261 平方米，最高点高程 10 米。无植被。

老爷石 (Lǎoye Shí)

北纬 37°45.0′，东经 121°00.3′。位于烟台市蓬莱市东南部海域，距大陆最近点 490 米。老爷石为当地群众惯称。基岩岛。岸线长 7 米，面积 3 平方米，最高点高程 1 米。无植被。

东明礁 (Dōngmíng Jiāo)

北纬 37°44.9′，东经 120°00.2′。位于烟台市蓬莱市东南部海域，距大陆最近点 360 米。传说，古代有叫东明的英雄勇斗恶龙，当地百姓为纪念他便以其名来命名此岛。基岩岛。岸线长 96 米，面积 433 平方米，最高点高程 10 米。无植被。

鹁鸽岚 (Bógē Lán)

北纬 36°41.9′，东经 121°22.1′。位于烟台市海阳市南部海域，距大陆最近点 810 米。据传，唐朝末年，大辛家村一户人家迁祖坟时，从墓中飞出金鸽落于海中形成该岛；又因俯瞰该岛外形酷似展翅飞翔的鹁鸽，故名。基岩岛。岸线长 19 米，面积 24 平方米，最高点高程 3 米。无植被。

鹁鸽岚西岛（Bógēlán Xīdǎo）

北纬 36°42.0′，东经 121°21.9′。位于烟台市海阳市南部海域，距大陆最近点 970 米。位于鹁鸽岚西侧，故名。基岩岛。岸线长 33 米，面积 75 平方米，最高点高程 3 米。无植被。

鲈鱼岛（Lúyú Dǎo）

北纬 36°41.9′，东经 121°22.2′。位于烟台市海阳市南部海域，距大陆最近点 690 米。该岛周围海域盛产鲈鱼，故名。基岩岛。岸线长 466 米，面积 5 850 平方米，最高点高程 6 米。长有草丛和灌木。岛上有灯塔 1 座、房屋 2 间。岛周围有养殖池塘。

牛石（Niú Shí）

北纬 36°41.9′，东经 121°22.2′。位于烟台市海阳市南部海域，距大陆最近点 800 米。又名白鸽石岚。因岛形似耕牛，故名。《中国海域地名图集》（1991）记为白鸽石岚。基岩岛。岸线长 24 米，面积 36 平方米，最高点高程 4.3 米。无植被。位于养殖池内。

麻姑岛（Mágū Dǎo）

北纬 36°38.5′，东经 120°53.5′。位于丁字湾内，距大陆最近点 440 米，隶属于烟台市海阳市。相传麻姑修道岳姑顶，曾云游于此，故名。另传，一女子逃婚至此，悄悄地躲在山洞里开始修炼，多年以后修炼成仙，因女子脸上有麻子，后人便起名麻姑岛。《山东通志》（1837）记为马公岛、马官岛。《中国海洋岛屿简况》（1980）、《中国海域地名志》（1989）和《山东省海岛志》（1995）等均记为麻姑岛。岸线长 7.78 千米，面积 0.877 9 平方千米，最高点高程 15.8 米。岛上基岩为白垩系火山碎屑岩和熔岩。

有居民海岛。有北麻姑岛、中麻姑岛和南麻姑岛 3 个自然村。2011 年有户籍人口 1 770 人，常住人口 1 933 人。岛上建有船厂 2 座、简易码头 1 座。淡水和电力依靠陆地供给。周边海域开展对虾养殖。

鲁岛（Lǔ Dǎo）

北纬 36°38.3′，东经 120°56.4′。位于丁字湾内，距大陆最近点 0.39 千米，隶属于烟台市海阳市。据《山东通志》载，该岛旧称古鲁岛，后逐渐演变为鲁岛。《中国海洋岛屿简况》（1980）、《中国海域地名志》（1989）和《山东省海岛志》（1995）等均记为鲁岛。岸线长 3.09 千米，面积 0.385 6 平方千米，最高点高程 10 米。岛上基岩为红色安山质火山碎屑岩，地层为中生界白垩系青山组火山岩系。

有居民海岛。岛上有 1 个自然村（鲁岛村）。2011 年有户籍人口 928 人，常住人口 1 200 人。该岛通过北侧公路与陆地相连。有多处耕地。淡水和电力依靠陆地供给。周边海域建有对虾养殖池。

海阳鸭岛 (Hǎiyáng Yādǎo)

北纬 36°34.7′，东经 120°57.2′。位于烟台市海阳市亚沙新城南部海域，丁字湾入海口处，距大陆最近点 820 米。又名牙岛、哑岛、鸭岛。《山东通志》记为牙岛。《海阳县续志》记为哑岛："去海之涯里许，有岛曰哑，以问人，曰'岛势卑小，舟行逼侧始见，稍远弗闻'。"《中国海洋岛屿简况》（1980）、《中国海域地名志》（1989）和《山东省海岛志》（1995）等均记为鸭岛、哑岛。依其谐音，逐渐演化为鸭岛。因省内重名且位于海阳市，第二次全国海域地名普查时更为今名。基岩岛。岸线长 642 米，面积 0.019 3 平方千米，最高点高程 15.5 米。长有草丛。岛上有房屋 1 间。淡水依靠陆地供给，电力依靠海底电缆供给。周边海域开展牡蛎、蛤仔等滩涂养殖。

土埠岛 (Tǔbù Dǎo)

北纬 36°32.4′，东经 121°03.5′。位于烟台市海阳市亚沙新城东南海域，丁字湾入海口处，距大陆最近点 5.75 千米。曾名土鼓岛。土埠岛为当地群众惯称。《中国海洋岛屿简况》（1980）、《中国海域地名志》（1989）和《山东省海岛志》（1995）等均记为土埠岛。基岩岛。岸线长 976 米，面积 0.034 9 平方千米，最高点高程 28.3 米。岛顶有大地控制点。建有简易码头 2 座、房屋数间、养殖池 1 个。淡水依靠陆地供给，电力依靠海底电缆供给。

土埠西岛 (Tǔbù Xīdǎo)

北纬 36°32.4′，东经 121°03.4′。位于烟台市海阳市亚沙新城东南海域，丁字湾入海口处，距土埠岛 60 米。位于土埠岛西部，故名。基岩岛。岸线长 9 米，面积 6 平方米，高 0.5 米。无植被。

土埠南岛（Tǔbù Nándǎo）

北纬 36°32.3′，东经 121°03.6′。位于烟台市海阳市亚沙新城东南海域，丁字湾入海口处，距土埠岛 20 米。位于土埠岛南部，故名。基岩岛。岸线长 64 米，面积 198 平方米，最高点高程 4 米。无植被。

鳖头（Biētóu）

北纬 36°32.3′，东经 121°03.6′。位于烟台市海阳市亚沙新城东南海域，丁字湾入海口处，距土埠岛 30 米。因岛形似鳖的头部，故当地群众称其为鳖头。基岩岛。岸线长 32 米，面积 61 平方米，最高点高程 2.5 米。无植被。

千里岩（Qiānlǐ Yán）

北纬 36°16.1′，东经 121°23.2′。位于烟台市海阳市南部海域，距大陆最近点 44.24 千米。曾名千里山，又名千里岛、千里岩岛。因视野辽阔，极目千里，故名。《中国海洋岛屿简况》（1980）、《中国海域地名志》（1989）和《山东省海岛志》（1995）等均记为千里岩。基岩岛。岸线长 3.25 千米，面积 0.163 3 平方千米，最高点高程 90.9 米。岛上有国家海洋局海洋环境监测站、天津海事局航标管理站、GNSS 观测站、国家大地控制点等。建有码头 2 座，有公路。淡水依靠陆地供给，电力依靠风力发电机、太阳能发电板和柴油发电机供给。

西沙子一岛（Xīshāzi Yīdǎo）

北纬 37°06.4′，东经 119°28.7′。位于潍坊市昌邑市莱州湾南岸潍河口西岸，距大陆最近点 540 米。为潍河口西岸两个海岛之一，又名潍河西沙子岛（1）。第二次全国海域地名普查时，加序数和海岛通名更为今名。岸线长 3.35 千米，面积 0.343 3 平方千米，最高点高程 1 米。沙泥岛，是潍河口河道曲流段边滩堆积形成的堆积体，组成物质以粉砂和泥为主。土壤盐分较重，植被茂密，多为柽柳树、碱蓬和蒿草等。除岛东侧受大潮涨落和潍河洪水冲淤外，其他邻水边界均遭受冲蚀，形成多级侵蚀陡坎。岛周潮滩广阔平坦，表层盐碱如白霜，高潮滩堆积少量完整贝壳。受内陆淡水径流和特殊地质环境影响，周边海域鱼、虾、蟹和贝类等水产资源较丰富。

西沙子二岛 (Xīshāzi Èrdǎo)

北纬 37°06.4′，东经 119°28.4′。位于潍坊市昌邑市莱州湾南岸潍河口西岸、西沙子一岛西侧，距大陆最近点 650 米。为潍河口西岸两个海岛之一，又名潍河西沙子岛（2）。第二次全国海域地名普查时，加序数和海岛通名更为今名。岸线长 1.57 千米，面积 0.075 7 平方千米。沙泥岛，是潍河口河道曲流段边滩堆积形成的堆积体，物质组成以粉砂和泥为主。与西沙子一岛实为同一堆积体，因潮水沟切割而独立成岛。地势低洼，地表高程 1 ～ 1.3 米。土壤盐分较重，蒿草和碱蓬生长茂密，并有柽柳树点缀其中。岛周潮滩平坦，中低潮滩侵蚀明显，形成多级冲刷陡坎。附近海域受内陆淡水径流和特殊地质环境影响，鱼、虾、蟹和贝类等水产资源较丰富。

东沙子一岛 (Dōngshāzi Yīdǎo)

北纬 37°05.8′，东经 119°28.6′。位于潍坊市昌邑市莱州湾南岸潍河口东岸，距大陆最近点 200 米。东南距人工堤坝约 260 米，西南距潍河口挡潮闸约 8.3 千米，北隔潍河口曲流河道与西沙子一岛、西沙子二岛相望，最近点相距约 750 米。为潍河口东岸两个海岛之一，又名潍河东沙子岛（1）。第二次全国海域地名普查时，加序数和海岛通名更为今名。岛呈南北向长条状平行于河道展布，北宽南窄。岸线长 923 米，面积 0.030 4 平方千米，最高点高程 1 米。沙泥岛，是潍河口河道曲流段边滩堆积形成的堆积体，组成物质主要为泥沙沉积物。地势低平，多沟槽，并受河道和潮沟摆动等引起的冲淤影响。土壤盐碱化严重。植被主要为碱蓬、蒿草和少量柽柳树。四周潮滩平坦，大面积修建盐业生产池塘。

东沙子二岛 (Dōngshāzi Èrdǎo)

北纬 37°05.7′，东经 119°28.6′。位于潍坊市昌邑市莱州湾南岸潍河口东岸，距大陆最近点 170 米。为潍河口东岸两个海岛之一，又名潍河东沙子岛（2）。第二次全国海域地名普查时，加序数和海岛通名更为今名。岛呈南北向长条状平行河道分布，岸线长 223 米，面积 2 495 平方米，最高点高程 0.7 米。沙泥岛，是潍河口河道曲流段边滩堆积形成的堆积体。与东沙子一岛为同一堆积体，因潮水沟切割而独立成岛。土壤盐碱化严重，植被主要为碱蓬、蒿草和少量柽柳树。

娃娃岛 (Wáwa Dǎo)

北纬 37°32.5′，东经 122°03.4′。位于威海市北部海域，麻子港西北，距大陆最近点 210 米。娃娃岛为当地群众惯称。基岩岛。岸线长 362 米，面积 4 172 平方米，最高点高程 3.7 米。无植被。

娃娃南岛 (Wáwa Nándǎo)

北纬 37°32.4′，东经 122°03.4′。位于威海市东北部海域，距大陆最近点 50 米。位于娃娃岛南侧，故名。基岩岛。岸线长 45 米，面积 136 平方米，最高点高程 3 米。无植被。

玛珈山西岛 (Mǎjiāshān Xīdǎo)

北纬 37°32.3′，东经 122°02.7′。位于威海市北部海域，距大陆最近点 60 米。位于玛珈山西侧，故名。基岩岛。岸线长 15 米，面积 14 平方米，最高点高程 1 米。无植被。

西小石 (Xīxiǎo Shí)

北纬 37°31.6′，东经 122°00.4′。位于威海市西北部海域石岛港与石岛滩之间，距大陆最近点 260 米。又名小石岛、石岛、西小石岛。因岛上多石且地理位置偏西而得名。《山东省海岛志》（1995）记为西小石岛。岸线长 1.42 千米，面积 0.043 8 平方千米，最高点高程 31.4 米。基岩岛，由下元古代胶东岩群黑云母片麻岩组成，长有部分松树和杂草。岛体呈东西走向，近似椭圆形，基岩海岸，嶙峋高峻，岸外有礁石分布。在威海小石岛国家级海洋特别保护区内。

崮山黑石 (Gùshān Hēishí)

北纬 37°27.6′，东经 122°15.1′。位于威海市北部海域，距大陆最近点 20 米。又名黑石。因礁石呈黑色且位于崮山镇而得名。基岩岛。岸线长 39 米，面积 77 平方米，最高点高程 1.5 米。无植被。

龟坨岛 (Guītuó Dǎo)

北纬 37°27.3′，东经 122°16.1′。位于威海市北部海域，距大陆最近点 30 米。

岛形似龟，故名。基岩岛。岸线长 71 米，面积 362 平方米，最高点高程 5 米。无植被。

皂埠沟大岛 (Zàobùgōu Dàdǎo)

北纬 37°27.3′，东经 122°16.2′。位于威海市皂埠沟附近海域，距大陆最近点 10 米。位于皂埠沟（村）北侧且面积相对较大，故名。基岩岛。岸线长 76 米，面积 368 平方米，最高点高程 5.2 米。无植被。

皂埠沟小岛 (Zàobùgōu Xiǎodǎo)

北纬 37°27.3′，东经 122°16.2′。位于威海市皂埠沟附近海域，距大陆最近点 10 米。位于皂埠沟（村）北侧且面积相对较小，故名。《中国海洋岛屿简况》（1980）记为 181。基岩岛。岸线长 47 米，面积 154 平方米，最高点高程 3.8 米。无植被。

三摞麦岛 (Sānluómài Dǎo)

北纬 37°27.1′，东经 122°16.4′。位于威海市东南部海域，皂埠嘴岬角东北，距大陆最近点 10 米。因其形似三只海螺，曾名三螺脉。该岛由三块礁石东西横列组成，形如三摞麦垛，故名。《中国海域地名志》（1989）记为三摞麦岛。岸线长 217 米，面积 1 315 平方米，最高点高程 27.7 米。基岩岛，岛体呈三角形，东西长约 80 米，南北最宽处约 24 米。是受断裂构造控制的海蚀基岩残柱，出露岩层以下元古代胶东岩群片岩为主。岛上植被稀少，低潮时可与陆地相连。

猪笼圈人石 (Zhūlóngquān Rénshí)

北纬 37°27.0′，东经 122°16.5′。位于威海市北部海域，距大陆最近点 50 米。曾名人石。因侧观似人且位于猪笼圈而得名。基岩岛。岸线长 63 米，面积 283 平方米，最高点高程 5 米。无植被。

沙窝 (Shāwō)

北纬 37°27.0′，东经 122°16.5′。位于威海市北部海域，距大陆最近点 10 米。沙窝为当地群众惯称。基岩岛。岸线长 76 米，面积 198 平方米，最高点高程 1 米。无植被。

鱼脊岛 (Yújǐ Dǎo)

北纬 37°25.3′，东经 122°17.4′。位于威海市北部海域，距大陆最近点 70 米。因其外形像鱼脊而得名。基岩岛。岸线长 31 米，面积 43 平方米，最高点高程 4 米。无植被。

陡前石 (Dǒuqián Shí)

北纬 37°24.9′，东经 122°18.8′。位于威海市北部海域，距大陆最近点 80 米。因邻近一个突出陡峭的岬角而得名。基岩岛。岸线长 74 米，面积 399 平方米，最高点高程 1 米。无植被。

褚岛 (Chǔ Dǎo)

北纬 37°34.1′，东经 122°04.9′。位于威海市西北海域，葡萄滩西侧，距大陆最近点 1.18 千米。相传，明代曾有褚姓渔民在岛上避风，故名。清代旧志记载为楮岛，航海资料记载为出岛。《中国海洋岛屿简况》（1980）、《中国海域地名志》（1989）和《山东省海岛志》（1995）等均记为褚岛。岸线长 2.9 千米，面积 0.186 4 平方千米，最高点高程 68 米。基岩岛，岛体由下元古代胶东岩群第二岩组构成，岩性以黑云母片麻岩为主。杂草与灌木丛生。地势北高南低，有 3 座小山丘。岛上有少量耕地、房屋、公路，西南侧建有码头 1 座，顶部有国家大地控制点。电力依靠海底电缆从大陆供给，无淡水水源。周围礁石林立。附近海域产褶牡蛎、紫贻贝、栉孔扇贝和石花菜等，适宜垂钓。

褚岛东南礁 (Chǔdǎo Dōngnán Jiāo)

北纬 37°34.1′，东经 122°05.0′。位于威海市褚岛东南部海域，距褚岛 20 米。因其位于褚岛东南部而得名。基岩岛。岸线长 102 米，面积 683 平方米，最高点高程 20 米。无植被。岛顶部有海神娘娘塑像。

海龟岛 (Hǎiguī Dǎo)

北纬 37°34.5′，东经 122°05.0′。位于威海市褚岛东北海域，距褚岛 230 米。该岛形似海龟，故名。基岩岛。岸线长 21 米，面积 30 平方米，最高点高程 1.8 米。无植被。

西小岛 (Xīxiǎo Dǎo)

北纬 37°34.4′，东经 122°04.5′。位于威海市褚岛西部海域，距褚岛 30 米。因位于褚岛西侧且面积小，故名。基岩岛。岸线长 86 米，面积 390 平方米，最高点高程 12 米。无植被。

海龙石 (Hǎilóng Shí)

北纬 37°33.2′，东经 122°08.9′。位于威海市北部偏东海域，柳树湾口北侧，距大陆最近点 420 米。又名老鼠礁、海龙石岛。《中国海洋岛屿简况》（1980）记为海龙石。《山东省海岛志》（1995）记为海龙石岛。西北—东南向分布。岸线长 39 米，面积 69 平方米，最高点高程 2.7 米。基岩岛，出露地层为太古界—元古界胶东群民山组变质岩系，组成岩石为黑云钾长片麻岩。周围水深约 20 米。

远遥岛 (Yuǎnyáo Dǎo)

北纬 37°33.0′，东经 122°05.2′。位于威海市远遥村北部海域，距大陆最近点 230 米。因其位于远遥村附近而得名。基岩岛。岸线长 14 米，面积 12 平方米，最高点高程 1.4 米。无植被。

黑岛 (Hēi Dǎo)

北纬 37°32.4′，东经 122°09.5′。位于威海市北部偏东海域，柳树湾口南侧，距大陆最近点 100 米。因岛上岩石多为黑色而得名。《中国海洋岛屿简况》（1980）、《中国海域地名志》（1989）和《山东省海岛志》（1995）等均记为黑岛。岸线长 1.43 千米，面积 0.050 2 平方千米，最高点高程 32 米。基岩岛，岛体由下元古代胶东岩群组成，岩性以黑云母片麻岩为主。地势北陡南缓，由三座小山丘横列组成。系侵蚀海岸，北岸多断层，海蚀崖嶙峋高峻，不能攀登；南岸有礁石分布，其东端为一单面山。岛北侧 2 米等深线距岸很近，最深 39 米，南部水深 6～10 米。顶部设有国家大地控制点。

伏狮岛 (Fúshī Dǎo)

北纬 37°31.8′，东经 122°10.5′。位于威海市北部偏东海域，威海湾北口航道北侧，距大陆最近点 1.28 千米。因形似一只卧伏状的狮子，故名。基岩岛。岸线长 86 米，面积 236 平方米，最高点高程 7 米。无植被。岛上建有国家大地控制点。

牙石岛（Yáshí Dǎo）

北纬 37°31.7′，东经 122°10.5′。位于威海市北部偏东海域，威海湾北口航道北侧，距大陆最近点 1.32 千米。岛上礁石林立，犬牙交错，故名。《中国海洋岛屿简况》（1980）、《中国海域地名志》（1989）和《山东省海岛志》（1995）等均记为牙石岛。岸线长 206 米，面积 1 235 平方米，最高点高程 9.2 米。基岩岛，岛体由下元古代胶岩群片麻岩构成。周边属基岩海岸，岸外有明、暗礁石分布，船只进出威海港时，不宜靠近。岩质底，潮流较急，可通行小型船只。岛上有航海标志牙石灯桩。

中顶岛（Zhōngdǐng Dǎo）

北纬 37°31.7′，东经 122°10.5′。位于威海市北部偏东海域，威海湾北口航道北侧，距大陆最近点 1.35 千米。因岛中部的顶部相对较高而得名。基岩岛。岸线长 63 米，面积 173 平方米，最高点高程 2 米。无植被。

大截岛（Dàjié Dǎo）

北纬 37°31.6′，东经 122°09.4′。位于威海市北部偏东海域，合庆湾南岬角附近，距大陆最近点 100 米。相传，礁石东北部的江古嘴岬角刚从陆地鼓出来，就被它截住，再也鼓不动了，故名。当地群众根据其外形，又称其为竹节岛。《山东省海岛志》（1995）等记为大截岛。岸线长 123 米，面积 534 平方米，最高点高程 4 米。基岩岛，出露地层为太古界—元古界胶东群民山组变质岩系，组成岩石为黑云钾长片麻岩。长有草丛。

屏风岛（Píngfēng Dǎo）

北纬 37°31.4′，东经 122°09.5′。位于威海市东北部海域，威海湾北口航道北侧，距大陆最近点 20 米。该岛位于连林岛和陆地之间，极像矗立于海上的一面屏风，故名。岸线长 70 米，面积 171 平方米，最高点高程 14 米。基岩岛，四面均为陡坡，岩石呈黄褐色。长有少量草丛。

连林岛（Liánlín Dǎo）

北纬 37°31.4′，东经 122°09.6′。位于威海市东北部海域，威海湾北口航道北侧，距大陆最近点 110 米。曾名连连岛、林立岛。因该岛与陆地间有一片礁丛相连，故名。《中国海洋岛屿简况》（1980）、《中国海域地名志》（1989）和《山东省海岛志》（1995）等均记为连林岛。岸线长 397 米，面积 4 379 平方米，最高点高程 12 米。基岩岛，岛体由下元古代胶东岩群片麻岩构成。表层岩石裸露。周围水深在 5 米以下，基岩海岸，岸外有岩石滩延伸，并有礁石分布。岛上设有威海市海洋与渔业局公告碑 1 座。周围海域已开发养殖业。

刘公岛 (Liúgōng Dǎo)

北纬 37°29.9′，东经 122°10.7′。位于威海市东部海域，威海湾南北两口中央，距大陆最近点 1.89 千米。因岛上建有刘公庙而得名。旧传该岛为“海上刘氏别业”，故称刘岛或刘家岛、刘公岛。因岛上原有龙宫庙，又名龙宫岛。刘公系何时人尚无从考证，据旧传，刘公为汉朝皇族一支，东汉末年避战乱来该岛，传说岛上曾有魏黄初碑记。《元史》记为刘家岛。清光绪《文登县志》载：“元史作刘家岛，亦作刘岛，旧传为海上刘氏别业……内有庙祀刘公、刘母，莫知其所自始。舟人经其地必致祈祷。”《登州府志》《崇明县志》或称刘岛，或称刘家岛。《威海卫志》载：岛上有刘公、刘母祠，“瓦屋数楹，泥塑双像”。后人相传，昔年有南船遇风，几濒于危，漂泊该岛，被岛上刘姓老夫妇搭救，并以食物馈赠舟人。后来，舟人为感谢其救生之恩，为其立庙，称刘公庙。今名即源于刘公庙。《中国海洋岛屿简况》（1980）、《中国海域地名志》（1989）和《山东省海岛志》（1995）等均记为刘公岛。

岸线长 13.88 千米，面积 3.094 2 平方千米，最高点高程 153.5 米。岛呈东西走向，近似三角形。基岩岛，由下元古代胶东岩群片麻岩构成，表层堆积属上更新世黄土层，西端有海拔 12 米的海蚀阶地。岛上峰峦起伏，主峰旗顶山海拔 153.5 米，地势西高东低，北陡南缓。为基岩海岸，北岸曲折，多悬崖陡壁，海蚀特征明显。东北及西部近岸处多明、暗礁石及乱石滩。南岸多为沙质岸，沿岸有倒水湾（亦名黄花湾）、荷花湾、骡子圈（亦名倒水沟）等港湾。周围潮间带出产刺参、海胆、石花菜等。

刘公岛历史悠久，战国时代岛上就有人居住。有居民海岛，属鲸园街道办事处管辖，刘公岛管理委员会代管。2011年有户籍人口195人，常住人口580人。每天定时有客货轮船往来大陆与海岛间。与大陆间架设了自来水管道和海底电缆，且通信设施完备。现为威海市著名旅游景点，北洋海军提督署被列为山东省省级重点文物保护单位。

贝草嘴岛（Bèicǎozuǐ Dǎo）

北纬37°30.8′，东经122°10.9′。位于威海市刘公岛北部海域，距刘公岛30米。因邻近贝草嘴（岬角）而得名。基岩岛。岸线长121米，面积902平方米，最高点高程3米。无植被。

威海黄岛（Wēihǎi Huángdǎo）

北纬37°30.2′，东经122°10.0′。位于威海市东部海域，刘公岛西侧60米。又名黄岛。因岛上岩石颜色呈黄色而得名。因省内重名且位于威海市，第二次全国海域地名普查时更为今名。基岩岛。岸线长1.19千米，面积0.030 5平方千米，最高点高程14米。该岛与刘公岛陆连，岛上有黄岛炮台遗址，炮台建于1889年至1890年。设24厘米口径平射炮四门，6厘米口径行营炮两门。甲午战争后被破坏，现存4座炮位，兵舍与坑道皆完整。为刘公岛风景区主要景点。岛上建有兵器博物馆1处，内有战机、火炮等供游客参观。

黄埠岛（Huángbù Dǎo）

北纬37°30.1′，东经121°59.8′。位于威海市北部海域，距大陆最近点220米。该岛大部分礁石呈黄色，故名。基岩岛。岸线长113米，面积686平方米，最高点高程2.5米。无植被。

小牙石岛（Xiǎoyáshí Dǎo）

北纬37°29.9′，东经121°59.6′。位于威海市北部海域，距大陆最近点230米。小牙石岛为当地群众惯称。基岩岛。岸线长74米，面积223平方米，最高点高程1米。岩石呈黑褐色，无植被。

日岛（Rì Dǎo）

北纬37°28.7′，东经122°12.1′。位于威海市东部，刘公岛以南，威海湾南口航道中央，距大陆最近点2.48千米。该岛位于东海日出方向，故名。曾名衣岛。《中国海洋岛屿简况》（1980）和《中国海域地名志》（1989）等记为日岛。《山东省海岛志》（1995）载：清朝初年改名为日岛。基岩岛。岸线长494米，面积7 913平方米，最高点高程14米，周围水深在4米以下。长有草丛。该岛历史上为一片礁石丛，清光绪十五年（1889年），清军在岛上修建炮台，从南岸运土加高，始成今貌，是威海市重点文物保护单位。该岛原筑有混凝土堤岸，现仅东部与南部保存尚好。岛上地势东高西低，除东端局部有裸露岩石外，皆为人工填入的黄土。炮台在岛东部，现存地阱、坑道等设施。有三角形测绘标志和白色圆形航海灯塔，无淡水。春秋季节岛上有时可见海市，“日岛海市”是清代威海卫八景之一。岛上建有养殖看护房1间、码头1座。周围海域开展海参底播养殖。

黄泥岛 (Huángní Dǎo)

北纬37°26.4′，东经121°57.6′。位于威海市环翠区，距大陆最近点1.26千米。因岛上多黄泥，故名。曾名鹿岛、界岛。该岛从西面看，形似卧鹿，又名鹿岛。1898年英国强租威海卫时，以该岛与文登县为界，又称界岛。《中国海洋岛屿简况》（1980）、《中国海域地名志》（1989）记为黄泥岛。沙泥岛。岸线长281米，面积3 900平方米，最高点高程8.2米。长有少量杂草。岛顶部有国家测量标志，周边建有养虾池。

陀螺头 (Tuóluótóu)

北纬36°53.6′，东经122°03.0′。位于威海市文登区南部海域，距大陆最近点560米。因远观该岛似陀螺而得名。基岩岛。岸线长41米，面积114平方米，最高点高程4米。无植被。

怀石 (Huái Shí)

北纬36°53.3′，东经122°02.8′。位于威海市文登区南部海域，距大陆最近点840米。岛形似两块大石怀抱一块小石，故名。基岩岛。岸线长23米，面积35平方米，最高点高程3米。无植被。

牛心岛 (Niúxīn Dǎo)

北纬36°53.0′，东经122°02.7′。位于威海市文登区南侧海域，五垒岛湾东侧，距大陆最近点 1 千米。远观形似牛心，故名。《中国海洋岛屿简况》（1980）、《中国海域地名志》（1989）和《山东省海岛志》（1995）等均记为牛心岛。岸线长 554 米，面积 9 580 平方米，最高点高程 36.8 米。该岛系断裂分离的基岩岛，主岛为圆形海蚀柱，岩崖陡峭。有少量土壤覆盖，长有灌木和草丛，低潮可徒步登岛。修有人工台阶及简易泊位。周围产海螺、海胆等。

鸡鸣岛（Jīmíng Dǎo）

北纬 37°26.9′，东经 122°28.9′。位于威海市荣成市港西镇北部海域，距大陆最近点 1.67 千米。曾名鸡毛岛。《中国海域地名志》（1989）记为鸡鸣岛。《山东省海岛志》（1995）载：据传，有渔船因雾迷航，听到岛上鸡叫而脱险，故名鸡鸣岛，明朝时曾称鸡毛岛。相传，当年二郎神奉玉皇大帝之旨，担山填海，修建东京，百鸟欢跃，噙石为助。一天，二郎神挑着两座大山行至附近，忽听东海之中有驴嚎、西海之岸有鸡鸣，一惊之下，扁担骤折，两座大山坠入海中，化为两座海岛，东边为海驴岛，西边为鸡鸣岛。岸线长 3.95 千米，面积 0.323 1 平方千米，最高点高程 72.7 米。基岩岛，由粗粒花岗岩和泥土构成。西南岸有一停泊渔船的小海湾，其余沿岸系悬崖峭壁。

有居民海岛。有 1 个行政村——鸡鸣岛村。2011 年有户籍人口 214 人，常住人口 198 人，村民以养殖捕捞为生。岛上有华能电力测风速铁塔 1 处、移动信号基站 1 座、国家大地测绘控制点 1 处。威海港务局在该岛建设码头。岛上电力来自大陆海底电缆输送，淡水来自岛上淡水井。

海驴岛（Hǎilǘ Dǎo）

北纬 37°26.8′，东经 122°40.0′。位于威海市荣成市成山镇北部海域，距大陆最近点 2.33 千米。《中国海洋岛屿简况》（1980）等记为海驴岛。《中国海域地名志》（1989）和《山东省海岛志》（1995）载：整个岛屿状似一只瘦驴卧于海中，得名海驴岛。相传，当年二郎神奉玉皇大帝之旨，担山填海，修建东京，百鸟欢跃，噙石为助。一天，二郎神挑着两座大山行至附近，忽听东海之中有驴嚎、西海之岸有鸡鸣，一惊之下，扁担骤折，两座大山坠入海中，化为两座海岛，东边为海驴岛，西边为鸡鸣岛。岸线长 2.27 千米，面积 0.100 9 平方千米，最高点高程 65.8 米。该岛地势东高西低，实际是海蚀平台上的一个海蚀柱。岛前有许多海蚀洞，岛后为悬崖陡壁，大部分基岩裸露。出露地层为胶东群富阳组石英片岩和石英云母片岩。周围海底为岩礁，生长有刺参和石花菜，近海鱼类资源较丰富。岛上建有风力发电机组、码头 1 座、灯塔 1 座，有国家大地测绘控制点 1 处。

东双石 (Dōngshuāng Shí)

北纬 37°26.1′，东经 122°28.8′。位于威海市荣成市港西镇虎头角北部海域，距大陆最近点 460 米。曾名小双石。原为四块礁石组成的礁石群，当地渔民称之为双石，称西边的两块较大礁石为西双石，称东边两块较小礁石为东双石。《中国海洋岛屿简况》（1980）记为双石。《山东省海岛志》（1995）中统称四石为双石岛，将东边连接在一起的两石称为东双石。基岩岛。岸线长 20 米，面积 30 平方米，最高点高程 1.5 米。无植被。

西双石 (Xīshuāng Shí)

北纬 37°26.2′，东经 122°28.7′。位于威海市荣成市港西镇虎头角北部海域，距大陆最近点 620 米。又名双石、双石岛。原为四块礁石组成的礁石群，当地渔民称之为双石，称西边的两块较大礁石为西双石，称东边两块较小礁石为东双石。《中国海洋岛屿简况》（1980）记为双石。《山东省海岛志》（1995）中统称四石为双石岛，将西边连接在一起的两石称为西双石。基岩岛。岸线长 51 米，面积 186 平方米，最高点高程 3.3 米。无植被。

驹龙媾近岛 (Jūlónggōujìn Dǎo)

北纬 37°24.9′，东经 122°41.4′。位于威海市荣成市成山镇东北侧附近海域，距大陆最近点 50 米。位于驹龙媾附近，故名。基岩岛。岸线长 39 米，面积 108 平方米，最高点高程 2 米。无植被。

黄岛子东岛 (Huángdǎozi Dōngdǎo)

北纬 37°24.6′，东经 122°35.3′。位于威海市荣成市成山镇附近海域，距大陆最近点 50 米。基岩岛。岸线长 48 米，面积 153 平方米，最高点高程 9 米。长有草丛。

仙人岛 (Xiānrén Dǎo)

北纬 37°24.1′，东经 122°34.1′。位于威海市荣成市北部海域，距大陆最近点 160 米。基岩岛。岸线长 24 米，面积 41 平方米，最高点高程 1 米。无植被。

海鸟石岛 (Hǎiniǎoshí Dǎo)

北纬 37°24.0′，东经 122°42.3′。位于威海市荣成市附近海域，距大陆最近点 430 米。曾名海鸟石。海鸟石岛为当地群众惯称。《山东省海岛志》（1995）等记为海鸟石岛。基岩岛。岸线长 82 米，面积 450 平方米，最高点高程 7.1 米。无植被。该岛是中华人民共和国公布的中国领海基点山东高角（1）所在海岛，岛上有领海基点标志碑及国家大地测量控制点 1 处，花岗石柱 1 个。

海鸟石西岛 (Hǎiniǎoshí Xīdǎo)

北纬 37°24.0′，东经 122°42.3′。位于威海市荣成市海鸟石岛附近海域，距海鸟石岛 10 米。因位于海鸟石岛西边，故名。基岩岛。岸线长 74 米，面积 166 平方米，最高点高程 1.8 米。无植被。

黑岛子西岛 (Hēidǎozi Xīdǎo)

北纬 37°24.0′，东经 122°42.2′。位于威海市荣成市附近海域。基岩岛。岸线长 66 米，面积 224 平方米，最高点高程 1 米。无植被。

好运角 (Hǎoyùnjiǎo)

北纬 37°23.7′，东经 122°42.3′。位于威海市荣成市成山头风景区附近海域。因位于成山头风景区内，岛上有好运角石刻，故名。基岩岛。岸线长 136 米，面积 1 069 平方米，最高点高程 50 米。无植被。

好运角东岛 (Hǎoyùnjiǎo Dōngdǎo)

北纬 37°23.7′，东经 122°42.3′。位于威海市好运角东北侧海域，距大陆最近点 10 米。基岩岛。岸线长 86 米，面积 391 平方米，最高点高程 5 米。无植被。该岛是中华人民共和国公布的中国领海基点山东高角（2）所在海岛。

海上石林 (Hǎishàng Shílín)

北纬 37°23.7′，东经 122°42.3′。位于威海市荣成市成山头风景区附近海域，距大陆最近点 30 米。位于成山头风景区内，岛上有石林、石刻，故名。基岩岛。

岸线长 51 米，面积 173 平方米，最高点高程 10 米。无植被。

荣成大岛 (Róngchéng Dàdǎo)

北纬 37°23.2′，东经 122°41.6′。位于威海市荣成市成山镇东部海域，距大陆最近点 200 米。当地俗称大岛。因省内重名且位于荣成市海域，第二次全国海域地名普查时更为今名。基岩岛。岸线长 14 米，面积 15 平方米，最高点高程 2 米。无植被。

草岛子岛 (Cǎodǎozi Dǎo)

北纬 37°22.5′，东经 122°37.1′。位于威海市荣成市东部海域，距大陆最近点 50 米。草岛子岛为当地群众惯称。《山东省海岛志》(1995) 等记为草岛子岛。基岩岛。岸线长 56 米，面积 121 平方米，最高点高程 4.3 米。长有少量杂草。

全布石东岛 (Quánbùshí Dōngdǎo)

北纬 37°19.9′，东经 122°36.4′。位于威海市荣成市附近海域。基岩岛。岸线长 17 米，面积 18 平方米，最高点高程 4 米。无植被。

全布石西岛 (Quánbùshí Xīdǎo)

北纬 37°19.9′，东经 122°36.3′。位于威海市荣成市附近海域。基岩岛。岸线长 14 米，面积 13 平方米，最高点高程 3.5 米。无植被。

马山头岛 (Mǎshāntóu Dǎo)

北纬 37°19.8′，东经 122°36.1′。位于威海市荣成市成山镇马山头附近海域，距大陆最近点 100 米。因位于马头山附近，故名。基岩岛。岸线长 34 米，面积 83 平方米，最高点高程 8 米。无植被。

马山头南岛 (Mǎshāntóu Nándǎo)

北纬 37°19.8′，东经 122°36.1′。位于威海市荣成市马山头近海，距大陆最近点 5 米。因其位于马山头岛西南面而得名。基岩岛。岸线长 17 米，面积 21 平方米，最高点高程 3 米。无植被。

青石岚南岛 (Qīngshílán Nándǎo)

北纬 37°18.7′，东经 122°35.1′。位于威海市荣成市附近海域。基岩岛。岸线长 64 米，面积 292 平方米，最高点高程 3.5 米。无植被。

崮山东岛 (Gùshān Dōngdǎo)

北纬 37°17.5′，东经 122°34.4′。位于威海市荣成市崮山东部海域，距大陆最近点 60 米。位于崮山东部海域，故名。基岩岛。岸线长 38 米，面积 95 平方米，最高点高程 4 米。无植被。

花斑彩石 (Huābāncǎi Shí)

北纬 37°17.3′，东经 122°33.6′。位于威海市荣成市马道镇烟墩角村南部海域，距大陆最近点 80 米。该岛孤立于海中，岩石裸露，浑然一体，具有瑰丽的花纹，故名。《中国海域地名志》（1989）和《山东省海岛志》（1995）记为花斑彩石。基岩岛。岸线长 68 米，面积 234 平方米，最高点高程 5 米。

南草岛 (Náncǎo Dǎo)

北纬 37°16.2′，东经 122°34.3′。位于威海市荣成市俚岛镇附近海域，距大陆最近点 280 米。又名草岛。《中国海洋岛屿简况》（1980）记为草岛。《中国海域地名志》（1989）和《山东省海岛志》（1995）等记为南草岛。基岩岛。岸线长 708 米，面积 0.018 9 平方千米，最高点高程 6 米。该岛西部为三星重工用地。岛上有少量耕地，西南侧开发围堰养殖。有简易风力发电机组 1 台。

大黑石西岛 (Dàhēishí Xīdǎo)

北纬 37°16.4′，东经 122°34.8′。位于威海市荣成市俚岛镇附近海域，距南草岛 820 米。基岩岛。岸线长 112 米，面积 898 平方米，最高点高程 2 米。长有灌木和草丛。岛上有房屋 1 座、风力发电机组 1 台。

小黑石东岛 (Xiǎohēishí Dōngdǎo)

北纬 37°16.1′，东经 122°34.3′。位于威海市荣成市俚岛镇附近海域，距南草岛 290 米。基岩岛。岸线长 86 米，面积 412 平方米，最高点高程 1.5 米。无植被。

小黑石西岛 (Xiǎohēishí Xīdǎo)

北纬 37°16.1′，东经 122°34.2′。位于威海市荣成市俚岛镇附近海域，距南草岛 280 米。基岩岛。岸线长 71 米，面积 309 平方米，最高点高程 2 米。长有灌木和草丛。

雀屏岛 (Quèpíng Dǎo)

北纬 37°14.1′，东经 122°35.7′。位于威海市荣成市海域，距大陆最近点 130 米。因岛形似孔雀开屏状而得名。基岩岛。岸线长 29 米，面积 62 平方米，最高点高程 3 米。无植被。该岛位于围堰养殖池内，岛上建有简易养殖看护房 1 间。

初家泊岛 (Chūjiāpō Dǎo)

北纬 37°13.7′，东经 122°35.5′。位于威海市荣成市俚岛镇近海海域，距大陆最近点 130 米。因其位于初家泊村海域而得名。基岩岛。岸线长 36 米，面积 94 平方米，最高点高程 2 米。无植被。

高家岛 (Gāojiā Dǎo)

北纬 37°12.8′，东经 122°36.5′。位于威海市荣成市俚岛镇东高家村近海海域，距大陆最近点 50 米。该岛位于高家村近海，故名。《山东省海岛志》(1995) 等记为高家岛。基岩岛。岸线长 212 米，面积 1 322 平方米，最高点高程 3.5 米。无植被。岛上有养殖公司办公楼 1 栋，有人工景观桥与大陆相连。

马他角岛 (Mǎtājiǎo Dǎo)

北纬 37°11.7′，东经 122°37.4′。位于威海市荣成市马他角附近海域，距大陆最近点 60 米。因其位于马他角附近而得名。基岩岛。岸线长 79 米，面积 285 平方米，最高点高程 8.5 米。无植被。岛上有一探照灯。

瓦子石岛 (Wǎzǐshí Dǎo)

北纬 37°11.0′，东经 122°35.5′。位于威海市荣成市崖头镇附近海域，距大陆最近点 50 米。瓦子石岛为当地群众惯称。《山东省海岛志》(1995) 等记为瓦子石岛。基岩岛。岸线长 75 米，面积 134 平方米，最高点高程 2 米。无植被。

锥子石 (Zhūizi Shí)

北纬 37°09.7′，东经 122°34.7′。位于威海市荣成市附近海域，紧挨大陆。因岛外形酷似锥子而得名。《山东省海岛志》(1995) 等记为锥子石岛。基岩岛。岸线长 29 米，面积 52 平方米，最高点高程 7 米。无植被。

大石柱 (Dàshízhù)

北纬 37°09.5′，东经 122°34.7′。位于威海市荣成市崖头镇附近海域，距大陆最近点 40 米。基岩岛。岸线长 20 米，面积 14 平方米，最高点高程 5 米。无植被。

小石柱（Xiǎoshízhù）

北纬 37°09.5′，东经 122°34.7′。位于威海市荣成市崖头镇附近海域，距大陆最近点 50 米。基岩岛。岸线长 42 米，面积 46 平方米，最高点高程 2 米。无植被。

石坡岛（Shípō Dǎo）

北纬 37°08.9′，东经 122°33.8′。位于威海市荣成市罗山寨南部海域，距大陆最近点 40 米。该岛形似陡坡，故名。基岩岛。岸线长 66 米，面积 304 平方米，最高点高程 1.7 米。无植被。

五岛（Wǔ Dǎo）

北纬 37°06.4′，东经 122°28.7′。位于威海市荣成市崖头镇桑沟湾西侧近岸海域，距大陆最近点 1.1 千米。该岛由 5 块裸露的岩石组成，五石连在一起，故名。《中国海洋岛屿简况》（1980）、《中国海域地名志》（1989）和《山东省海岛志》（1995）等均记为五岛。基岩岛。岸线长 149 米，面积 1 417 平方米，最高点高程 10 米。无植被。岛上有楼房 1 栋及风力发电机组，周边建有海参养殖池。

桑沟湾南岛（Sānggōuwān Nándǎo）

北纬 37°03.5′，东经 122°29.3′。位于威海市荣成市桑沟湾南部海域，距大陆最近点 2.25 千米。因位于桑沟湾南部，故名。基岩岛。岸线长 16 米，面积 15 平方米，最高点高程 2 米。无植被。

北崩石（Běibēng Shí）

北纬 37°03.0′，东经 122°33.8′。位于威海市荣成市宁津街道北部海域，距大陆最近点 680 米。北崩石为当地群众惯称。基岩岛。岸线长 28 米，面积 52 平方米，最高点高程 2 米。无植被。

鹁鸽岛（Bógē Dǎo）

北纬 37°03.0′，东经 122°28.7′。位于威海市荣成市桑沟湾内西南、东山镇崮山前村东北，距大陆最近点 1.67 千米。又名八角地。因岛上常有鹁鸽栖息而得名。《中国海洋岛屿简况》（1980）、《中国海域地名志》（1989）和《山东省海岛志》（1995）等均记为鹁鸽岛。基岩岛。岸线长 752 米，面积 0.016 8 平方千米，最高点高程 18 米。长有草丛。岛上建有房屋多间、凉亭 1 处，有小型风力发电机 1 台、海参养殖池若干。

鹁鸽岛近岛 (Bógēdǎo Jìndǎo)

北纬 37°02.9′，东经 122°28.6′。位于威海市荣成市鹁鸽岛附近海域，距鹁鸽岛 40 米。因位于鹁鸽岛附近，故名。基岩岛。岸线长 44 米，面积 89 平方米，最高点高程 2 米。无植被。

燕子石 (Yànzi Shí)

北纬 37°02.9′，东经 122°28.8′。位于威海市荣成市鹁鸽岛东南部海域，距鹁鸽岛 80 米。燕子石为当地群众惯称。基岩岛。岸线长 23 米，面积 40 平方米，最高点高程 2 米。无植被。

老乡石 (Lǎoxiāng Shí)

北纬 37°02.9′，东经 122°33.9′。位于威海市荣成市楮岛村北侧海域，距大陆最近点 700 米。老乡石为当地群众惯称。基岩岛。岸线长 23 米，面积 35 平方米，最高点高程 2 米。无植被。

宁津人石岛 (Níngjīn Rénshí Dǎo)

北纬 37°02.9′，东经 122°33.6′。位于威海市荣成市宁津街道北侧海域，距大陆最近点 510 米。由两个紧邻的小岛组成，呈“人”字形，当地俗称人石。《山东省海岛志》（1995）等记为人石岛。因省内重名且位于宁津，第二次全国海域地名普查时更为今名。基岩岛。岸线长 160 米，面积 758 平方米，最高点高程 3.3 米。无植被。

石沿子 (Shíyánzi)

北纬 37°02.9′，东经 122°33.8′。位于威海市荣成市楮岛村北部海域，距大陆最近点 460 米。石沿子为当地群众惯称。基岩岛。岸线长 14 米，面积 13 平方米，最高点高程 3.5 米。无植被。

石砾子 (Shílìzi)

北纬 37°02.7′，东经 122°33.7′。位于威海市荣成市楮岛村北部海域，距大陆最近点 170 米。石砾子为当地群众惯称。基岩岛。岸线长 17 米，面积 18 平方米，最高点高程 1.5 米。无植被。

白石岛 (Báishí Dǎo)

北纬 37°02.6′，东经 122°34.2′。位于威海市荣成市楮岛村北部海域，距大陆最近点 210 米。当地群众惯称白石。第二次全国海域地名普查时，加海岛通名更为今名。基岩岛。岸线长 15 米，面积 13 平方米，最高点高程 3 米。无植被。

琼岛子岛 (Qióngdǎozi Dǎo)

北纬 37°02.3′，东经 122°34.4′。位于威海市荣成市附近海域，距大陆最近点 90 米。琼岛子岛为当地群众惯称。基岩岛。岸线长 11 米，面积 6 平方米，最高点高程 3 米。无植被。

大鱼岛东岛 (Dàyúdǎo Dōngdǎo)

北纬 37°02.0′，东经 122°28.9′。位于威海市荣成市附近海域，距大陆最近点 520 米。基岩岛。岸线长 44 米，面积 145 平方米，最高点高程 6 米。无植被。

杨家葬 (Yángjiāzàng)

北纬 37°01.8′，东经 122°33.3′。位于威海市荣成市楮岛村南侧海域，距大陆最近点 770 米。传说，宋朝杨家将的老家在石岛湾火塘寨，杨继业为国尽忠后灵柩送回老家。将置有旌、铭、幡的灵柩沉置于该岛下一个很大的洞穴里，至今在海水清澈的落潮时分，可隐约看见水下洞前的石马、石羊、石碑的印记，故名。基岩岛。岸线长 16 米，面积 16 平方米，最高点高程 3 米。无植被。

羊角硼子 (Yángjiǎobēngzi)

北纬 37°01.6′，东经 122°33.7′。位于威海市荣成市宁津街道东侧海域，距大陆最近点 1.1 千米。又名杨家嘣子、南崩。羊角硼子为当地群众惯称。基岩岛。岸线长 21 米，面积 27 平方米，最高点高程 2.8 米。无植被。

老铁石 (Lǎotiě Shí)

北纬 36°58.7′，东经 122°34.0′。位于威海市荣成市附近海域，距大陆最近点 2.42 千米。老铁石为当地群众惯称。基岩岛。岸线长 63 米，面积 207 平方米，最高点高程 4 米。无植被。

北帽子 (Běimàozi)

北纬 36°58.0′，东经 122°34.1′。位于威海市荣成市附近海域，距大陆最近点 2.85 千米。北帽子为当地群众惯称。《中国海洋岛屿简况》（1980）记为 775。航海保证部海图（2008）记为北帽子。基岩岛。岸线长 68 米，面积 193 平方米，最高点高程 1.8 米。无植被。

东南江 (Dōngnán Jiāng)

北纬 36°57.8′，东经 122°34.2′。位于威海市荣成市宁津街道附近海域，距大陆最近点 3.09 千米。基岩岛。岸线长 12 米，面积 10 平方米，最高点高程 2 米。无植被。

东山号岛 (Dōngshānhào Dǎo)

北纬 36°57.7′，东经 122°34.1′。位于威海市荣成市宁津街道附近海域，距大陆最近点 3.09 千米。又名东山号。东山号岛为当地群众惯称。《中国海洋岛屿简况》（1980）记为东山号。《中国海域地名志》（1989）和《山东省海岛志》（1995）等记为东山号岛。基岩岛。岸线长 28 米，面积 36 平方米，最高点高程 2 米。无植被。

牡蛎岩北岛 (Mǔlìyán Běidǎo)

北纬 36°55.3′，东经 122°27.6′。位于威海市荣成市桃园街道附近海域，距大陆最近点 830 米。又称北黑石岛。牡蛎岩北岛为当地群众惯称。《山东省海岛志》（1995）记为牡蛎岩北岛、北黑石岛。基岩岛。岸线长 103 米，面积 677 平方米，最高点高程 2 米。无植被。岛上建有养殖池。

桃园黑石 (Táoyuán Hēishí)

北纬 36°55.2′，东经 122°27.7′。位于威海市荣成市桃园村南侧海域，距大陆最近点 960 米。因岛上礁石呈黑色得名黑石，位于桃源村附近，第二次全国海域地名普查时更为今名。基岩岛。岸线长 32 米，面积 48 平方米，最高点高程 2 米。无植被。

后海崖东岛 (Hòuhǎiyá Dōngdǎo)

北纬 36°55.2′，东经 122°32.3′。位于威海市荣成市后海崖村东部海域。因位于后海崖村东部，故名。基岩岛。岸线长 38 米，面积 53 平方米，最高点高程 1.5 米。无植被。

骆驼岛 (Luòtuo Dǎo)

北纬 36°55.1′，东经 122°32.6′。位于威海市荣成市附近海域。岛形似骆驼，故名。基岩岛。岸线长 23 米，面积 24 平方米，最高点高程 2 米。无植被。

断面岛 (Duànmiàn Dǎo)

北纬 36°55.1′，东经 122°32.5′。位于威海市荣成市附近海域。因其高潮时断面明显而得名。基岩岛。岸线长 16 米，面积 12 平方米，最高点高程 2 米。无植被。

刘庄村东岛 (Liúzhuāngcūn Dōngdǎo)

北纬 36°54.7′，东经 122°31.8′。位于威海市荣成市刘庄村东部海域。因位于刘庄村东侧，故名。基岩岛。岸线长 97 米，面积 325 平方米，最高点高程 2 米。无植被。

小镆铘岛 (Xiǎomòyé Dǎo)

北纬 36°54.4′，东经 122°31.6′。位于威海市荣成市附近海域。基岩岛。岸线长 91 米，面积 183 平方米，最高点高程 3 米。无植被。

青岛子近岛 (Qīngdǎozi Jìndǎo)

北纬 36°53.9′，东经 122°31.0′。位于威海市荣成市附近海域。基岩岛。岸线长 28 米，面积 53 平方米，最高点高程 2 米。无植被。部分岛体与养殖池围堰相连。

帆石 (Fān Shí)

北纬 36°53.6′，东经 122°29.3′。位于威海市荣成市宁津街道附近海域。因岛形似船帆而得名。基岩岛。岸线长 37 米，面积 51 平方米，最高点高程 3 米。无植被。

涨蒙岛 (Zhǎngméng Dǎo)

北纬 36°52.9′，东经 122°10.7′。位于威海市荣成市刘家疃村西南部海域，距大陆最近点 270 米。涨蒙岛为当地群众惯称。《山东省海岛志》（1995）等记为涨蒙岛。基岩岛。岸线长 179 米，面积 1 644 平方米，最高点高程 7 米。长有灌木和草本植物。与围堰养殖池相连，有民房 1 间。

大王家岛 (Dàwángjiā Dǎo)

北纬 36°51.2′，东经 122°23.1′。位于威海市荣成市人和镇附近，王家湾口外海域，距大陆最近点 780 米。该岛与小王家岛东西并列形成王家湾的屏障，明洪武年间两岛由王姓占有，因该岛较大，故名。《中国海洋岛屿简况》（1980）、《中国海域地名志》（1989）和《山东省海岛志》（1995）等均记为大王家岛。基岩岛。岸线长 1.59 千米，面积 0.095 1 平方千米，最高点高程 14.1 米。岛上有灯塔 1 个、国家大地控制点 1 处、简易房屋 1 间。周边海域开发养殖业。

王家岛近岛 (Wángjiādǎo Jìndǎo)

北纬 36°51.0′，东经 122°22.7′。位于威海市荣成市大王家岛附近海域，距大陆最近点 220 米。因距大王家岛较近，故名。基岩岛。岸线长 55 米，面积 180 平方米，最高点高程 3 米。无植被。

小王家岛 (Xiǎowángjiā Dǎo)

北纬 36°51.0′，东经 122°22.8′。位于威海市荣成市人和镇附近，王家湾口外海域，距大陆最近点 250 米。该岛与大王家岛东西并列形成王家湾的屏障，明洪武年间两岛由王姓占有，因该岛较小，故名。《中国海洋岛屿简况》（1980）、《中国海域地名志》（1989）和《山东省海岛志》（1995）等均记为小王家岛。基岩岛。岸线长 1 334 米，面积 0.058 5 平方千米，最高点高程 20 米。

南凤凰尾岛 (Nánfènghuángwěi Dǎo)

北纬 36°50.6′，东经 122°10.5′。位于威海市荣成市人和镇近海，距大陆最近点 410 米。又名凤凰尾。因岛形似凤凰尾巴而得名。《中国海洋岛屿简况》（1980）记为凤凰尾。《中国海域地名志》（1989）记为凤凰尾岛。《山东省海岛志》（1995）等记为南凤凰尾岛。基岩岛。岸线长 821 米，面积 0.022 3 平方千米，最高点高程 21 米。岛上有少量耕地和畜禽养殖。南部设有灯塔 1 座。每年六七月份岛西南角有海豚经过，也有海龟上岸。

南凤凰尾近岛 (Nánfènghuángwěi Jìndǎo)

北纬 36°50.6′，东经 122°10.6′。位于威海市荣成市南凤凰尾岛附近海域，距大陆最近点 430 米。因海岛靠近南凤凰尾岛，故名。基岩岛。岸线长 30 米，面积 61 平方米，最高点高程 7 米。无植被。该岛为养殖池围堰一部分。

南凤凰尾东岛 (Nánfènghuángwěi Dōngdǎo)

北纬 36°50.7′，东经 122°10.8′。位于威海市荣成市南凤凰尾岛附近海域，距大陆最近点 150 米。位于南凤凰尾岛东面，故名。基岩岛。岸线长 147 米，面积 743 平方米，最高点高程 10 米。长有草丛和灌木。岛上建有养殖看护房 3 间，周边有围堰养殖池，登岛阶梯连接围堰池坝。无水电。

柳口岛 (Liǔkǒu Dǎo)

北纬 36°50.2′，东经 122°17.2′。位于威海市荣成市人和镇附近海域，距大陆最近点 100 米。位于柳口村附近，故名。基岩岛。岸线长 83 米，面积 430 平方米，最高点高程 8 米。

柳口西岛 (Liǔkǒu Xīdǎo)

北纬 36°50.2′，东经 122°17.1′。位于威海市荣成市人和镇附近海域，距大陆最近点 80 米。位于柳口岛西面，故名。基岩岛。岸线长 70 米，面积 360 平方米，最高点高程 7 米。无植被。

西草子岛 (Xīcǎozi Dǎo)

北纬 36°50.1′，东经 122°17.7′。位于威海市荣成市人和镇附近海域，距大陆最近点 40 米。又名草岛、西草岛子岛。当地有多个海岛俗称草岛，因省内重名且其位置相对偏西，第二次全国海域地名普查时更为今名。《中国海洋岛屿简况》（1980）记为草岛。《中国海域地名志》（1989）和《山东省海岛志》（1995）等记为西草岛子岛。基岩岛。岸线长 414 米，面积 7 991 平方米，最高点高程 10 米。该岛现作为人和镇院夼村码头使用。

三石岛 (Sānshí Dǎo)

北纬 36°50.1′，东经 122°16.9′。位于威海市荣成市人和镇南部海域，距大陆最近点 370 米。该岛由三块平行礁石组成，故名。基岩岛。岸线长 18 米，面积 23 平方米，最高点高程 1.9 米。无植被。

蚕蛹岛 (Cányǒng Dǎo)

北纬 36°49.8′，东经 122°20.5′。位于威海市荣成市人和镇朱口村近岸海域，距大陆最近点 180 米。岛形似蚕蛹，故名。基岩岛。岸线长 13 米，面积 13 平方米，最高点高程 1 米。无植被。

浮筒子 (Fútǒngzi)

北纬 36°49.8′，东经 122°19.3′。位于威海市荣成市人和镇附近海域，距大陆最近点 300 米。浮筒子为当地群众惯称。基岩岛。岸线长 8 米，面积 5 平方米，最高点高程 1.5 米。无植被。

朱口南岛 (Zhūkǒu Nándǎo)

北纬 36°49.8′，东经 122°20.4′。位于威海市荣成市朱口村南部海域，距大陆最近点 270 米。因位于朱口村南部海域，故名。基岩岛。岸线长 11 米，面积 8 平方米，最高点高程 1.5 米。无植被。

连岛 (Lián Dǎo)

北纬 36°49.7′，东经 122°19.4′。位于威海市荣成市人和镇近海，距大陆最近点 490 米。该岛由四块礁石连接而成，故名。《中国海洋岛屿简况》（1980）、《中国海域地名志》（1989）和《山东省海岛志》（1995）等均记为连岛。基岩岛。岸线长 115 米，面积 597 平方米，最高点高程 6.4 米。无植被。岛上建有灯塔 1 个。

苏山岛 (Sūshān Dǎo)

北纬 36°45.0′，东经 122°15.4′。位于威海市荣成市靖海湾附近海域，距大陆最近点 9.32 千米。曾名苏心、苏门岛。清光绪二十年（1894 年）所修《靖海卫志》载：苏山岛原名苏心，该岛与江南的姑苏岛相对，好似姑苏岛的大门，故名苏门岛。后因该岛海拔较高，故改为现称。《中国海洋岛屿简况》（1980）、《中国海域地名志》（1989）和《山东省海岛志》（1995）等均记为苏山岛。

岸线长 7.52 千米，面积 0.469 7 平方千米，最高点高程 106.4 米。基岩岛。地形陡峭，中部高，四周低。属槎山山系，东西走向，主峰为礁子顶，自西向东由海猫子山、苏山大峰顶、草帽子山、小西山、苏山南北两侧的华龙嘴和僧帽山组成。岛上第四纪覆盖层厚度很小，无耕地，生长乔木、草丛。沿岸海蚀地貌发育，悬崖峭壁直插海底，海滩宽度很小。生物资源主要有石花菜、牡蛎和刺参等。

该岛有南北两处鱼货码头。南码头长 70 米，位于岛的腹地，是天然避风良港，码头最深处达 60 米；北码头长 30 米，年久失修。山洞内有储水池，水源充足。有灯塔和风力发电机。旅游资源丰富，岛上有 500 年灰枣树及千年钟楼遗址，后开发了仙人桥、仙女脚、蜂窝石等景点。该岛是中华人民共和国领海基点所在海岛，岛上有领海基点标志碑及国家大地控制点 1 处。

一山子岛 (Yīshānzi Dǎo)

北纬 36°45.4′，东经 122°14.9′。位于威海市荣成市苏山岛附近海域，距苏山岛 40 米。苏山岛西北并列有 3 个海岛，该岛面积排第一，故名。《中国海域地名志》（1989）和《山东省海岛志》（1995）等记为一山子岛。基岩岛。岸线长 550 米，面积 7 878 平方米，最高点高程 22.1 米。

二山子岛 (Èrshānzi Dǎo)

北纬 36°46.4′，东经 122°14.3′。位于威海市荣成市苏山岛附近海域，距一山子岛 1.92 千米。苏山岛西北并列有 3 个海岛，该岛面积排第二，故名。《中国海洋岛屿简况》（1980）、《中国海域地名志》（1989）和《山东省海岛志》（1995）等均记为二山子岛。基岩岛。岸线长 450 米，面积 6 952 平方米，最高点高程 17 米。无植被。

二山子南岛 (Èrshānzi Nándǎo)

北纬 36°46.3′，东经 122°14.3′。位于威海市荣成市二山子岛附近海域，距二山子岛 30 米。因靠近二山子岛南侧而得名。基岩岛。岸线长 56 米，面积 176 平方米，最高点高程 8 米。无植被。

三山子岛 (Sānshānzi Dǎo)

北纬 36°47.2′，东经 122°14.4′。位于威海市荣成市苏山岛附近海域，距二山子岛 1.35 千米。苏山岛西北并列有 3 个海岛，该岛面积排第三，故名。《中国海洋岛屿简况》（1980）、《中国海域地名志》（1989）和《山东省海岛志》（1995）等均记为三山子岛。基岩岛。岸线长 269 米，面积 3 721 平方米，最高点高程 23.2 米。无植被。

三山子一岛 (Sānshānzi Yīdǎo)

北纬 36°47.1′，东经 122°14.4′。位于威海市荣成市三山子岛附近海域，距三山子岛 20 米。为三山子岛周边小岛之一，按距三山子岛由近及远排序，该岛居第一，第二次全国海域地名普查时加序数得名。基岩岛。岸线长 93 米，面积 625 平方米，最高点高程 18 米。无植被。

三山子二岛 (Sānshānzi Èrdǎo)

北纬 36°47.2′，东经 122°14.4′。位于威海市荣成市三山子岛附近海域，距三山子岛 10 米。为三山子岛周边小岛之一，按距三山子岛由近及远排序，该岛居第二，第二次全国海域地名普查时加序数得名。基岩岛。岸线长 123 米，面积 618 平方米，最高点高程 10 米。无植被。

三山子三岛 (Sānshānzi Sāndǎo)

北纬 36°47.2′，东经 122°14.3′。位于威海市荣成市三山子岛附近海域，距三山子岛 60 米。为三山子岛周边小岛之一，按距三山子岛由近及远排序，该岛居第三，第二次全国海域地名普查时加序数得名。基岩岛。岸线长 163 米，面积 1 201 平方米，最高点高程 8 米。无植被。

三山子南岛 (Sānshānzi Nándǎo)

北纬 36°47.1′，东经 122°14.4′。位于威海市荣成市三山子岛南侧海域，距三山子岛 180 米。位于三山子岛南部，故名。基岩岛。岸线长 39 米，面积 113 平方米，最高点高程 1 米。无植被。

乳山黑石岛 (Rǔshān Hēishí Dǎo)

北纬 36°53.3′，东经 121°48.6′。位于威海市乳山市徐家镇附近海域，距大陆最近点 900 米。又名西石栏、黑石。因岛表面呈黑色得名黑石。《中国海域地名图集》（1991）记为西石栏。《山东海情》（2010）记为黑石。因省内重名且位于乳山市附近海域，第二次全国海域地名普查时更为今名。岸线长 181 米，面积 1 074 平方米，最高点高程 3.4 米。该岛出露地层为太古界—元古界胶东群变质岩系，与宫家岛类似。岛近圆形，其上基岩裸露，无植被及土壤覆盖。潮下带为海蚀平台，底质类型为碎石、砂砾及粉砂质砂。岛上建有养殖看护房 1 间。

劈口石（Pīkǒu Shí）

北纬 36°51.7′，东经 121°45.8′。位于威海市乳山市白沙滩镇附近海域，距大陆最近点 1.26 千米。该岛礁石状如斧头劈开一般，故名。基岩岛。岸线长 21 米，面积 32 平方米，最高点高程 2.2 米。无植被。

东牙子（Dōngyázi）

北纬 36°49.9′，东经 121°43.9′。位于威海市乳山市白沙滩镇附近海域，距大陆最近点 340 米。东牙子为当地群众惯称。基岩岛。岸线长 38 米，面积 83 平方米，最高点高程 3.2 米。无植被。岛上建有养殖看护房 1 间，岛体为养殖堤坝的一部分。

东栓驴橛（Dōngshuānlǘjué）

北纬 36°49.8′，东经 121°43.5′。位于威海市乳山市白沙滩镇附近海域，距大陆最近点 100 米。以前村里养驴多将驴拴在石头上，该岛面积小，处东，当地群众形容其小，俗称其为东栓驴橛。基岩岛。岸线长 40 米，面积 91 平方米，最高点高程 3.1 米。无植被。岛上建有养殖看护房 1 间，岛体为养殖堤坝的一部分。

西栓驴橛（Xīshuānlǘjué）

北纬 36°49.7′，东经 121°43.3′。位于威海市乳山市白沙滩镇附近海域，距大陆最近点 90 米。以前村里养驴多将驴拴在石头上，该岛面积小，处西，当地群众形容其小，俗称其为西栓驴橛。《中国海域地名图集》（1991）记为烟墩礁。基岩岛。岸线长 86 米，面积 252 平方米，最高点高程 4.7 米。无植被。该岛位于海参养殖池内。

斗笠岛（Dǒulì Dǎo）

北纬 36°48.9′，东经 121°42.3′。位于威海市乳山市宫家岛附近海域，距大陆最近点 1.38 千米。因岛形似斗笠而得名。基岩岛。岸线长 148 米，面积 1 480 平方米，最高点高程 4.7 米。长有草丛。岛上建有房屋 1 栋。

宫家岛（Gōngjiā Dǎo）

北纬 36°48.7′，东经 121°42.1′。位于威海市乳山市白沙滩镇附近海域，距大陆最近点 1.65 千米。岛名由来有两种说法：一说该岛因曾有宫姓居住而得名；二说岛上有一座形似卧伏公鸡的小山，被称为公鸡岛，后人将其改名为宫家岛。《中国海洋岛屿简况》（1980）、《中国海域地名志》（1989）和《山东省海岛志》（1995）等均记为宫家岛。基岩岛。岸线长 3.44 千米，面积 0.184 7 平方千米，最高点高程 12 米。岛上建有养殖看护房 10 余栋及风力发电机组。岛东端有国家大地控制点。

西南港（Xīnán'gǎng）

北纬 36°48.4′，东经 121°42.0′。位于威海市乳山市宫家岛附近海域，距大陆最近点 2.14 千米。因其位于宫家岛西侧而得名。基岩岛。岸线长 37 米，面积 90 平方米，最高点高程 0.7 米。无植被。

腰岛（Yāo Dǎo）

北纬 36°47.6′，东经 121°38.2′。位于威海市乳山市白沙滩镇附近海域，距大陆最近点 1.32 千米。《中国海洋岛屿简况》（1980）、《中国海域地名志》（1989）和《山东省海岛志》（1995）等均记为腰岛。基岩岛。岸线长 556 米，面积 0.016 7 平方千米，最高点高程 18 米。岛上竖有铁杆。

取脚石（Qǔjiǎo Shí）

北纬 36°47.0′，东经 121°28.7′。位于威海市乳山市乳山口港湾主航道边缘，距大陆最近点 250 米。位处浅滩，并在乳山口港湾主航道边缘，取脚石为当地群众惯称。曾名曲家、七步石。又名取脚石岛。《中国海洋岛屿简况》（1980）和《山东省海岛志》（1995）等记为取脚石岛。基岩岛。岸线长 249 米，面积 2 427 平方米，最高点高程 5 米。无植被。岛上有灯塔 1 座。

杜家岛 (Dùjiā Dǎo)

北纬 36°45.1′，东经 121°33.3′。位于威海市乳山市海阳所镇附近海域，距大陆最近点 450 米，隶属于威海市乳山市。曾名险岛。该岛西部曾有一险岛山，陡峭险峻，故名险岛。清康熙年间，杜姓家族由即墨县羊山后迁入该岛并定居立村，因忌讳“险”字改称杜家岛。《中国海域地名志》（1989）记为险岛。《中国海洋岛屿简况》（1980）和《山东省海岛志》（1995）等记为杜家岛。基岩岛。岸线长 9.37 千米，面积 2.350 8 平方千米，最高点高程 113 米。

该岛为海阳所镇杜家岛村所在地，有 1 个村委会，辖 4 个自然村。2011 年有户籍人口 1 143 人，常住人口 1 196 人，村民以海上捕捞和滩涂养殖为主。建有村民住房、村委会办公用房等，筑坝与大陆相连。岛上有耕地，种植小麦、玉米、花生和地瓜等。有老虎洞、龙角石、神仙洞等自然名胜。淡水来自大陆供给，电力来自大陆和风力发电机组供给。岛周围建有养殖池。

杜家东岛 (Dùjiā Dōngdǎo)

北纬 36°44.2′，东经 121°34.3′。位于威海市乳山市杜家岛附近海域，距杜家岛 370 米。因位于杜家岛东侧而得名。基岩岛。岸线长 205 米，面积 1 814 平方米，最高点高程 4 米。无植被。该岛通过人工堤坝连接成环形围堰养殖池。

塔岛 (Tǎ Dǎo)

北纬 36°44.6′，东经 121°34.7′。位于威海市乳山市海阳所镇附近海域，距杜家岛 790 米。因其东南侧有一灯塔（现已废弃）而得名。《中国海洋岛屿简况》（1980）、《中国海域地名志》（1989）和《山东省海岛志》（1995）等均记为塔岛。基岩岛。岸线长 1.01 千米，面积 0.025 5 平方千米，最高点高程 11 米。堤坝上有闸门，建有养殖看护房和小型风力发电机组。岛西、北侧各有一简易码头，西侧有简易公路，低潮时可直接开车上岛。周围建有 5 个海参养殖池。

黄石栏 (Huángshí Lán)

北纬 36°44.6′，东经 121°34.4′。位于威海市乳山市白沙滩镇附近海域，距杜家岛 530 米。又名黄石栏岛。因其礁石呈黄褐色而得名。《中国海域地名志》

（1989）和《山东省海岛志》（1995）等记为黄石栏岛。基岩岛。岸线长 280 米，面积 2 964 平方米，最高点高程 3.3 米。无植被。

浦岛 (Pǔ Dǎo)

北纬 36°44.1′，东经 121°31.9′。位于威海市乳山市杜家岛附近海域，距杜家岛 180 米。浦岛为当地群众惯称。《中国海洋岛屿简况》（1980）、《中国海域地名志》（1989）和《山东省海岛志》（1995）等均记为浦岛。基岩岛。岸线长 1.63 千米，面积 0.164 4 平方千米，最高点高程 64 米。岛西面和北面有人工堤坝，堤坝为炸岛所建。岛上建有养殖看护房，周边建有海参养殖池。

北小青岛 (Běixiǎoqīng Dǎo)

北纬 36°44.2′，东经 121°29.4′。位于威海市乳山市海阳所镇附近海域，距大陆最近点 2.8 千米。又名北岛。岛上长有马尾松，四季常青，且地理位置偏北，故名。《中国海洋岛屿简况》（1980）记为北岛。《山东省海岛志》（1995）等记为北小青岛。岸线长 2.33 千米，面积 0.158 6 平方千米，最高点高程 37 米。该岛为乳山口港门户，东北—西南走向，系断裂分离基岩岛，由砂砾岩构成。表层为棕壤土，含大量粗砂和砾石。岛上有淡水井，电力来自大陆供给。四周潮间带下多岩礁，岛东南侧水深 5～6 米，岛西北面水深 1～3 米，海底为砂砾质。近海产鲅鱼、墨鱼、对虾、海蜇和贻贝等。

南黄岛 (Nánhuáng Dǎo)

北纬 36°43.1′，东经 121°37.0′。位于威海市乳山市海阳所镇附近海域，距大陆最近点 710 米，隶属于乳山市。又名南泓岛。明崇祯年间，宋姓从乳山县南泓村迁该岛定居，初名南泓岛。后为区别于南泓村，以岛的土色更名为南黄岛。《中国海洋岛屿简况》（1980）、《中国海域地名志》（1989）和《山东省海岛志》（1995）等均记为南黄岛。岛南北走向，呈“8”字形，岸线长 5.74 千米，面积 0.632 平方千米，最高点高程 55 米。系断陷分离基岩岛，由变质岩构成。南北两端各有一座山丘，均设有导航灯桩，中部较平坦。地表为棕壤性土，含大量粗砂和砾石，土质较粗。植被以马尾松、刺槐、梧桐较多。为海蚀基岩海岸，东南侧水深 8～16 米，岛西北面水深 3～6 米。岛西侧有渔船停泊点。近海产鲅鱼、鹰爪虾、海蜇、对虾、扇贝、海参和石花菜等。

有居民海岛。岛上有1个行政村——南黄岛村。2011年有户籍人口519人，常住人口700人。岛上有铁矿开发痕迹。淡水来自地下水，电力来自大陆输送。有2座简易码头，周边有多处海参养殖池。

小汇岛 (Xiǎohuì Dǎo)

北纬36°41.0′，东经121°39.6′。位于威海市乳山市海阳所镇东南部海域。因距大陆较远，鸟类汇集于此栖息，该岛小，故名。《中国海洋岛屿简况》(1980)记为汇岛。《山东省海岛志》(1995)等记为小汇岛。岸线长110米，面积729平方米，最高点高程5.5米。由花岗岩构成，岩石裸露，基岩为胶东群片麻岩。长有少量杂草。周围水深15米，海底为泥沙质。近海产鲅鱼、墨鱼、对虾等，特产牡蛎。

沙北头岛 (Shāběitóu Dǎo)

北纬35°33.8′，东经119°38.6′。位于日照市东港区北部海域，距大陆最近点290米。因处东港区北部且海岛物质类型为沙泥，故名。岸线长180米，面积1 253平方米，最高点高程2.5米。该岛为河流与海域泥沙堆积体，地形平坦，组成物质主要为粉砂及黏土质粉砂。长有草丛。常有海鸥等鸟类来此觅食栖息。因该岛砂质较好，偷挖海砂现象严重，造成该岛岸线侵蚀后退严重。岛周围海域水较浅，常有小渔船停泊。

小古城岛 (Xiǎogǔchéng Dǎo)

北纬35°33.7′，东经119°38.2′。位于日照市东港区南部海域，距大陆最近点620米。小古城岛为当地群众惯称。岸线长121米，面积525平方米，最高点高程1米。沙泥岛。此处昔为河道，后因河口修建堤坝，使河道部分淤积高出水面，形成海岛。潮间带长有大片大米草。

沙南头岛 (Shā'nántóu Dǎo)

北纬35°32.2′，东经119°37.6′。位于日照市东港区南部海域，距大陆最近点50米。位于大沙洼林场南头附近，故名。沙泥岛。岸线长189米，面积2 600平方米，最高点高程0.5米。长有草丛。该岛位于国有大沙洼林场（又称海滨国家森林公园）的海堤外侧，低潮时可徒步登岛。

桃花岛 (Táohuā Dǎo)

北纬 35°28.2′，东经 119°36.6′。位于日照市东港区南部海域，距大陆最近点 470 米。曾名逃活岛、逃活栏、桃花栏、桃花澜。相传古时南夷进犯此地，安北王率兵抵抗，但终因寡不敌众，落北而逃。当逃至此处时，对面大海挡住，后有追兵，仰天长叹之际，发现隔水有一小岛，便紧勒坐骑乌龙马缰，直冲小岛而去。待追兵赶到时，只见海雾弥漫，海水暴涨，追兵以为安北王已投海自绝，便退兵而去。翌日，退潮后，安北王骑马泅渡到岸，并许愿在岛上修建海神像和坐骑乌龙马像，但因战乱，此愿未能实现。其后人每年来此祭祀，故取名该岛为逃活岛以示纪念，后演变为桃花岛。《中国海域地名志》（1989）记为桃花岛。《山东省海岛志》（1995）载：因岛上有泉水，过去常有遇难者在岛上得救度日，故称逃活栏，后来演化为桃花栏、桃花澜，今名桃花岛。岸线长 1.01 千米，面积 0.02 平方千米，最高点高程 8 米。基岩岛，四周由岩石构造，渐近岛心是绵延数百米的海沙，岛中心有一甜水小泉。岛上繁殖药用土元（俗称土鳖虫），并生长有一种近似桃树的灌生乔木。周围岩礁生长有多种海螺、牡蛎和海星。

该岛是山东省第一个颁发无居民海岛使用权证书的海岛。已进行海岛旅游开发，并建有“桃花岛”名称标志。岛上岩石经长年海浪淘凿，形成了各具形态、怪石矗立的天然景观，有梳妆台、祭礼台、香炉石、试剑石、天女洗澡池等古迹。西侧海岸有渔业码头，并建成神水泉、逢生阁、观涛亭等景点。众多游人来此游玩。岛上养殖鲍鱼、海参、梭子蟹，并在周边海域散养海参、鲍鱼、杂色蛤和牡蛎等海珍品。

猫石岛 (Māoshí Dǎo)

北纬 35°27.7′，东经 119°36.0′。位于日照市东港区南部海域，距大陆最近点 110 米。该岛在高潮时露出海面部分像一只俯卧着的猫，故名。基岩岛。岸线长 62 米，面积 262 平方米，最高点高程 3.5 米。无植被。

小长栏岛 (Xiǎochánglán Dǎo)

北纬 35°23.8′，东经 119°33.8′。位于日照市东港区南部海域，距大陆最近点250米。又名胡家栏。“长栏”之意是狭长礁石，当地群众据该岛形态特征，称其为小长栏岛。基岩岛。岸线长70米，面积122平方米，最高点高程1米。无植被。

海上碑 (Hǎishàngbēi)

北纬35°05.3′，东经119°20.5′。位于日照市岚山区南部海域，紧挨大陆。因岛壁上有历代文人石刻，如同海里的一块石碑，故名。岸线长24米，面积38平方米，最高点高程3米。该岛是目前中国唯一一块古人在海边礁石上的石刻作品，也是岚山区唯一保存完好的古迹。海上碑始刻于清顺治二年（1645年）。背南面北，上书楷文“星河影动”“撼雪喷云”“万斛明珠”“砥柱狂澜”和“难为水”，字体苍劲有力，用词言简意赅，行文出神入化。碑文同在一石，由苏京、王铎、阎毓秀三人所书。苏京，山东安东卫人，明丁丑进士，官至监察御史，建宁兵备道。王铎，河南孟津人，明天启进士，官至礼部尚书，清初书法家。阎毓秀，山西榆次人，武进士，清康熙十年（1671年）任安东卫守备。该岛已开发为旅游景点。

老沙头堡岛 (Lǎoshātóupù Dǎo)

北纬38°11.2′，东经117°57.8′。位于滨州市北海经济开发区北部海域，距大陆最近点9.91千米。又名沙头堡。因位于老沙头贝壳堤附近而得名。《中国海洋岛屿简况》（1980）记为沙头堡。《山东省海岛志》（1995）等记为老沙头堡岛。岸线长6.72千米，面积0.214 3平方千米，最高点高程3米。沙泥岛，是由冲积–海积平原演变而成的贝壳堤岛，由泥沙和贝壳组成。岛东部和北部有贝壳堤分布，沿岸均为自然堤，外缘残存有贝壳堤形态。植被覆盖率较高，主要为滨海盐生植被和草丛，偶有小规模酸枣灌丛。有一条土路贯穿全岛，周围建有养虾池。

大汪岛 (Dàwāng Dǎo)

北纬38°10.6′，东经117°59.0′。位于滨州市无棣县附近海域，距大陆最近点9.76千米。大汪岛为当地群众惯称。《中国海洋岛屿简况》（1980）记为0622。《中国海域地名志》（1989）和《山东省海岛志》（1995）等记为大汪岛（1）。

该岛属贝壳堤岛，主要由泥沙和贝壳组成，形态和面积多变。岸线长 78 米，面积 397 平方米，最高点高程 0.8 米。生长少量杂草和黄须菜。

沙头堡岛 (Shātóupù Dǎo)

北纬 38°09.7′，东经 117°54.1′。位于滨州市东部海域，距大陆最近点 3.64 千米，隶属于滨州市北海经济技术开发区。1973 年老沙头堡居民因受风暴潮威胁，整体搬迁而来，故把该岛称为沙头堡岛。因该岛靠近马颊河河口滩涂，又名南长滩岛。《中国海域地名志》（1989）和《山东省海岛志》（1995）等记为南长滩岛。岸线长 5.29 千米，面积 0.998 1 平方千米，最高点高程 5 米。该岛是在冲积-海积平原基础上形成的，地势低平。岛周被养殖池塘、盐田环绕，在马颊河边发育平坦的潮滩，潮沟发育，粉砂质黏土和黏土底质，具有明显分带性。近岸高潮滩主要为灰褐色粉砂质黏土，岛上植被覆盖率约 2%，主要种类为杂草丛、翅碱蓬、黄须菜和少量酸枣树。在高处的砂性土壤区，有高粱、芝麻等农作物分布。

有居民海岛。2011 年有户籍人口 1 346 人，常住人口 1 000 人，岛上村民以捕捞和养殖为生。该岛与大陆有柏油公路相连，马颊河边有一处小码头，岛上基础设施较完善，街道整洁。淡水来自鲁河水库，电力来自大陆供给。

岔尖堡岛 (Chàjiānpù Dǎo)

北纬 38°07.1′，东经 117°58.5′。位于滨州市东部海域，距大陆最近点 2.98 千米，隶属于滨州市无棣县。又名岔尖。因岛上有岔尖村，故名。原名茶肩堡。据《山东省海岛志》（1995）载：岔尖堡岛始建于 1404 年，在抗战时遭到日伪军严重侵扰破坏。1942 年日伪军强迫套儿河堡渔民迁来，两堡合一。1945 年，海匪猖狂，渔民迁走，又成荒岛。1949 年，张姓来此建堡，更名为岔尖堡岛。《中国海洋岛屿简况》（1980）记为岔尖。《中国海域地名志》（1989）和《山东省海岛志》（1995）等记为岔尖堡岛。

岸线长 4.42 千米，面积 0.964 5 平方千米，最高点高程 2.7 米。海岛形状不规则，地势低平，形态和面积大小多变。是由冲积-海积平原演变而成的泥沙岛，多被开辟为养殖池塘和盐田，大型潮汐通道多与入海河口相连。土壤类型有滨海盐土类。岛上植物种类以耐盐或轻度耐盐的盐生或中生植物为主，在居民区附近有小块分布。

有居民海岛。分为 2 个行政村，即岔尖一村和岔尖二村。2011 年有户籍人口 1 802 人，常住人口 1 600 人。该岛与大陆之间有柏油公路相连，基础设施较完善，交通较方便，岛上通电、通水。在村东潮河旁建有渔港码头，现多滨州港作业船只停靠。

脊岭子岛 (Jǐlǐngzi Dǎo)

北纬 38°06.1′，东经 118°01.2′。位于滨州市无棣县东北部潮河河口与套尔河口之间，距大陆最近点 2.01 千米。又名脊岭子。因海岛位居第一贝壳堤之末，中间隆起，形似鱼脊而得名。《中国海洋岛屿简况》（1980）记为脊岭子。《中国海域地名志》（1989）和《山东省海岛志》（1995）等记为脊岭子岛。沙泥岛。椭圆形。岸线长 4.39 千米，面积 0.907 6 平方千米，最高点高程 2 米。长有杂草、黄须菜等。岛上建有龙王庙。交通设施完善，公路通畅，电力和淡水依靠陆地供给。岛上开发多处养殖池，并建有养殖看护房。

大口河岛 (Dàkǒuhé Dǎo)

北纬 38°16.0′，东经 117°51.7′。位于大口河入海口处，距大陆最近点 11.57 千米，隶属于滨州市无棣县。因该岛位于大口河入海口处而得名。《中国海洋岛屿简况》（1980）、《中国海域地名志》（1989）和《山东省海岛志》（1995）等均记为大口河岛。岸线长 2.73 千米，面积 0.127 7 平方千米，最高点高程 1.9 米。属贝壳堤岛，地势低平，其基础为冲积-海积平原。北部贝壳堤最宽处约 200 米，堤上长有植被，堤后为潟湖湿地。植被覆盖密度较低，多呈斑块状分布，北部居民区和东北部有成片分布。植物种类以耐盐、轻度耐盐的盐生或中生植物为主。

有居民海岛。2011 年有户籍人口 68 人，常住人口 15 人。该岛为陆连岛，水电依靠陆地供给。岛上建有气象塔、信号塔、人工石坝，并有国家大地控制点 1 个。该岛及其周边湿地是滨州贝壳堤岛与湿地国家级自然保护区的核心区。该保护区 1999 年由无棣县人民政府建立，2002 年晋升为省级保护区，2006 年晋升为国家级自然保护区。建有滨州贝壳堤岛与湿地国家级自然保护区大口河监管站。

高坨子岛 (Gāotuózi Dǎo)

北纬 38°15.1′，东经 117°53.5′。位于滨州市无棣县，滨州贝壳堤岛与湿地国家级自然保护区内，距大陆最近点 11.61 千米。因该岛位于古高坨子河附近而得名。《山东省海岛志》（1995）等记为高坨子岛。该岛是由冲积-海积平原演变而成的贝壳堤岛，出露地层为第四系全新统旭口组。由泥沙和贝壳组成，地势低平，形态和面积大小多变。岸线长 1.78 千米，面积 0.087 平方千米，最高点高程 1.9 米。长有少量酸枣树、黄须菜，杂草生长，无淡水，无人居住。岛南侧主要为养殖池塘，北侧为潮滩，夏季有渔民捕捞泥螺等生物。

大口河东岛 (Dàkǒuhé Dōngdǎo)

北纬 38°14.7′，东经 117°52.6′。位于滨州市无棣县大口河以东海域，距大陆最近点 10.88 千米。因其位于大口河东而得名。《山东省海岛志》（1995）等记为代码 6。沙泥岛。岸线长 124 米，面积 379 平方米，最高点高程 0.5 米。长有草丛、灌木。

棘家堡子岛 (Jíjiāpùzi Dǎo)

北纬 38°14.6′，东经 117°54.8′。位于滨州市无棣县，滨州贝壳堤岛与湿地国家级自然保护区内，距大陆最近点 11.76 千米。又名棘家堡、棘家堡子岛（1）。因该地地名为棘家堡子，岛以地理位置命名。《中国海域地名志》（1989）和《山东省海岛志》（1995）等记为棘家堡子岛（1）。该岛是棘家堡子岛群西北边缘海岛，由泥沙和贝壳组成。地势低平，形态和面积大小多变。岸线长 465 米，面积 7 506 平方米，最高点高程 0.8 米。是由冲积-海积平原演变而成的贝壳堤岛，出露地层属第四系全新统旭口组。长有草丛、灌丛、盐生植物。

棘家堡子一岛 (Jíjiāpùzi Yīdǎo)

北纬 38°14.3′，东经 117°55.6′。位于滨州市无棣县，滨州贝壳堤岛与湿地国家级自然保护区内，距大陆最近点 12.23 千米。该岛为棘家堡子岛东南侧海岛之一，按由近及远加序数得名。《山东省海岛志》（1995）等记为棘家堡子岛（2）。由泥沙和贝壳组成，地势低平，形态和面积大小多变。岸线长 1.46 千米，面积 0.534 7 平方千米，最高点高程 2 米。是由冲积-海积平原演变而成的贝壳堤岛，出露地层属第四系全新统旭口组。长有草丛、灌木。岛上建有民房 1 间，夏季有渔民从事渔业生产。岛北侧为大片潮滩，南侧有大面积盐田。

棘家堡子二岛 (Jíjiāpùzi Èrdǎo)

北纬 38°14.2′，东经 117°55.6′。位于滨州市无棣县，滨州贝壳堤岛与湿地国家级自然保护区内，距大陆最近点 11.94 千米。该岛为棘家堡子岛东南侧海岛之一，按由近及远加序数得名。《山东省海岛志》（1995）等记为棘家堡子岛（3）。由泥沙和贝壳组成，地势低平，形态和面积大小多变。岸线长 1.64 千米，面积 0.718 2 平方千米，最高点高程 3 米。由冲积–海积平原演变而成的贝壳堤岛，出露地层属第四系全新统旭口组。岛顶部发育风成沙丘，向海侧滩面有新贝壳堤发育。植被覆盖率相对较高，主要为酸枣、芦苇、黄须菜等，另零星分布碱蓬、狗尾草、萝蘑等。岛上建有民房 2 间、贮水池 1 个，并开垦有菜园。

棘家堡子三岛 (Jíjiāpùzi Sāndǎo)

北纬 38°14.1′，东经 117°55.5′。位于滨州市无棣县，滨州贝壳堤岛与湿地国家级自然保护区内，距大陆最近点 11.76 千米。棘家堡子岛东南侧海岛之一，按由近及远加序数得名。《山东省海岛志》（1995）等记为棘家堡子岛（5）。该岛是棘家堡子岛群中面积最小的海岛，呈豆形，由泥沙和贝壳组成，形态和面积大小多变。岸线长 465 米，面积 7 506 平方米，最高点高程 0.8 米。由冲积–海积平原演变而成的贝壳堤岛，出露地层属第四系全新统旭口组。长有草丛、灌丛、盐生植物。

棘家堡子四岛 (Jíjiāpùzi Sìdǎo)

北纬 38°14.0′，东经 117°56.0′。位于滨州市无棣县，滨州贝壳堤岛与湿地国家级自然保护区内，距大陆最近点 11.8 千米。该岛为棘家堡子岛东南侧海岛之一，按由近及远加序数得名。《山东省海岛志》（1995）等记为棘家堡子岛（4）。由泥沙和贝壳组成，地势低平，形态和面积大小多变。岸线长 791 米，面积 0.020 9 平方千米，最高点高程 2 米。由冲积–海积平原演变而成的贝壳堤岛，出露地层属第四系全新统旭口组。

汪子岛 (Wāngzǐ Dǎo)

北纬 38°14.0′，东经 117°56.2′。位于滨州市无棣县北部海域，距大陆最近点 11.59 千米。因该岛有一汪子堡村而得名。相传，徐福奉秦始皇之命率童男女入海求仙，长久不归。父母思念孩子，奔波于此，眺望大海，盼子归来，故名望子岛，也称旺子岛。《山东省海岛志》（1995）等记为棘家堡子岛（6）。为棘家堡子岛群的主岛，滨州沿岸最大的贝壳堤岛，呈狭长弧形展布，其形态和面积大小多变。岸线长 6.2 千米，面积 0.512 5 平方千米，最高点高程 1.9 米。沙泥岛，系以冲积–海积平原为基础发育形成的贝壳堤岛。地势低平，出露地层属第四系全新统旭口组。岛西北部有一较高平台，为岛上最高处；岛北部贝壳堤绵长，长约 1.5 千米，宽约 100 米，在老堤向海侧发育新的贝壳堤。植被覆盖率约占全岛面积的 30%，主要长有灌木、草丛、滨海盐生植被、沼生与水生植被等。多为杂草和黄须菜，有少量酸枣树生长。

有居民海岛。2011 年有户籍人口 198 人，常住人口 100 人。该岛与大陆间有道路相连，南侧有环海路，向东可直接连接到滨州港，向西连接到大济公路。岛上曾有一甜水井，后遭风暴潮淹没消失。后“平原水库”二期工程实施盐碱水渗析工程，解决了群众吃水难问题。电力由陆地电缆输入。位于滨州贝壳堤岛与湿地国家级自然保护区核心区内，岛上设有保护区监管站和相关保护标志。

汪子一岛 (Wāngzǐ Yīdǎo)

北纬 38°13.1′，东经 117°57.1′。位于滨州市无棣县，滨州贝壳堤岛与湿地国家级自然保护区内，距大陆最近点 11.7 千米。该岛为汪子岛东南侧海岛之一，按由近及远加序数得名。《山东省海岛志》（1995）等记为代码 14。沙泥岛。岸线长 398 米，面积 6 306 平方米，最高点高程 1.5 米。长有草丛、灌木。

汪子二岛 (Wāngzǐ Èrdǎo)

北纬 38°13.1′，东经 117°57.0′。位于滨州市无棣县，滨州贝壳堤岛与湿地国家级自然保护区内，距大陆最近点 11.6 千米。该岛为汪子岛东南侧海岛之一，按由近及远加序数得名。《山东省海岛志》（1995）等记为代码 15。沙泥岛。

岸线长 358 米，面积 6 815 平方米，最高点高程 2 米。长有草丛、灌木。

汪子三岛（Wāngzǐ Sāndǎo）

北纬 38°13.0′，东经 117°57.2′。位于滨州市无棣县，滨州贝壳堤岛与湿地国家级自然保护区内，距大陆最近点 11.63 千米。该岛为汪子岛东南侧海岛之一，按由近及远加序数得名。《山东省海岛志》（1995）等记为代码 16。沙泥岛。岸线长 397 米，面积 3 718 平方米，最高点高程 0.3 米。长有少量杂草。

汪子四岛（Wāngzǐ Sìdǎo）

北纬 38°13.0′，东经 117°57.7′。位于滨州市无棣县，滨州贝壳堤岛与湿地国家级自然保护区内，距大陆最近点 12.13 千米。该岛为汪子岛东南侧海岛之一，按由近及远，加序数得名。《山东省海岛志》（1995）等记为代码 17。沙泥岛。岸线长 971 米，面积 0.016 0 平方千米，最高点高程 0.5 米。无植被。

北沙子岛（Běishāzi Dǎo）

北纬 38°12.4′，东经 117°57.9′。位于滨州市无棣县，滨州贝壳堤岛与湿地国家级自然保护区内，距大陆最近点 11.74 千米。位于滨州北侧，由泥沙构成，故名。《中国海域地名志》（1989）和《山东省海岛志》（1995）等记为北沙子岛。该岛是由冲积-海积平原演变而成的贝壳堤岛，出露地层属第四系全新统旭口组。岛呈半圆形，由泥沙和贝壳组成，形态和面积大小多变。岸线长 1.1 千米，面积 0.022 7 平方千米，最高点高程 1 米。生长少量杂草。

车辋城（Chēwǎngchéng）

北纬 38°11.5′，东经 117°52.0′。位于滨州市无棣县，滨州贝壳堤岛与湿地国家级自然保护区内，距大陆最近点 5.48 千米。又称广武城、车王城。《无棣县志》（1925）载："广武城，在县北一百一十里，鬲津河岸。相传汉广武君李佐车所筑，故名（俗名车辋城）。"《中国海洋岛屿简况》（1980）记为车王城。沙泥岛。岸线长 1.23 千米，面积 0.057 4 平方千米，最高点高程 2 米。长有草丛、灌木。

秤砣台（Chèngtuótái）

北纬 38°10.8′，东经 117°53.0′。位于滨州市无棣县，滨州贝壳堤岛与湿地国家级自然保护区内，距大陆最近点 4.66 千米。每至涨潮时，该岛极像一只硕大的古秤砣漂浮在海面上，当地群众惯称秤砣台。又名广武城、车王城。沙泥岛。岸线长 211 米，面积 1 474 平方米，最高点高程 7 米。长有草丛、灌木。岛上建有 1 座石碑，碑文为“城坨台遗址”，有火烧痕迹和挖掘痕迹。

附录一

《中国海域海岛地名志·山东卷》未入志海域名录[1]

一、海湾

标准名称	汉语拼音	行政区	地理位置	
			北纬	东经
青岛湾	Qīngdǎo Wān	山东省青岛市市南区	36°03.4′	120°18.9′
汇泉湾	Huìquán Wān	山东省青岛市市南区	36°03.1′	120°20.0′
团岛湾	Tuándǎo Wān	山东省青岛市市南区	36°03.0′	120°17.7′
太平湾	Tàipíng Wān	山东省青岛市市南区	36°02.8′	120°21.0′
小岔湾	Xiǎochà Wān	山东省青岛市黄岛区	35°59.7′	120°16.4′
石雀湾	Shíquè Wān	山东省青岛市黄岛区	35°56.6′	120°13.9′
月牙湾	Yuèyá Wān	山东省青岛市黄岛区	35°53.9′	120°11.2′
积米沟湾	Jīmǐgōu Wān	山东省青岛市黄岛区	35°47.2′	120°10.5′
沟南崖湾	Gōunányá Wān	山东省青岛市黄岛区	35°45.9′	120°10.8′
胡岛湾	Húdǎo Wān	山东省青岛市黄岛区	35°45.3′	120°01.5′
鱼池湾	Yúchí Wān	山东省青岛市黄岛区	35°43.9′	120°00.7′
杨家洼湾	Yángjiāwā Wān	山东省青岛市黄岛区	35°37.8′	119°51.0′
峰山后湾	Fēngshān Hòuwān	山东省青岛市崂山区	36°15.8′	120°40.6′
仰口湾	Yǎngkǒu Wān	山东省青岛市崂山区	36°14.4′	120°40.5′
青山湾	Qīngshān Wān	山东省青岛市崂山区	36°09.4′	120°41.7′
试金石湾	Shìjīnshí Wān	山东省青岛市崂山区	36°08.6′	120°42.1′
太清宫口	Tàiqīnggōng Kǒu	山东省青岛市崂山区	36°07.8′	120°39.8′
流清河湾	Liúqīnghé Wān	山东省青岛市崂山区	36°07.3′	120°36.6′
登瀛湾	Dēngyíng Wān	山东省青岛市崂山区	36°06.7′	120°34.5′
南姜前湾	Nánjiāng Qiánwān	山东省青岛市崂山区	36°05.8′	120°32.2′
大江口	Dàjiāng Kǒu	山东省青岛市崂山区	36°05.4′	120°28.4′
麦岛湾	Màidǎo Wān	山东省青岛市崂山区	36°03.7′	120°25.8′

①根据2018年6月8日民政部、国家海洋局发布的《中国部分海域海岛标准名称》整理。

标准名称	汉语拼音	行政区	地理位置	
			北纬	东经
太平湾	Tàipíng Wān	山东省青岛市崂山区	35°53.7′	120°52.9′
沧口湾	Cāngkǒu Wān	山东省青岛市李沧区	36°11.4′	120°21.5′
戥盘口	Děngpán Kǒu	山东省青岛市城阳区	36°11.7′	120°14.8′
女岛湾	Nǚdǎo Wān	山东省青岛市即墨市	36°22.7′	120°51.9′
初旺	Chūwàng	山东省烟台市福山区	37°41.7′	121°08.5′
八角海口	Bājiǎohǎi Kǒu	山东省烟台市福山区	37°37.7′	121°08.3′
山前湾	Shānqián Wān	山东省烟台市长岛县	38°23.1′	120°54.5′
南城口里	Nánchéng Kǒulǐ	山东省烟台市长岛县	38°21.7′	120°54.5′
东菜园湾	Dōngcàiyuán Wān	山东省烟台市长岛县	38°21.3′	120°54.7′
小钦西口	Xiǎoqīn Xīkǒu	山东省烟台市长岛县	38°20.6′	120°50.3′
门前湾	Ménqián Wān	山东省烟台市长岛县	38°20.3′	120°50.5′
东口	Dōng Kǒu	山东省烟台市长岛县	38°18.4′	120°50.5′
大钦西口	Dàqīn Xīkǒu	山东省烟台市长岛县	38°18.1′	120°48.3′
庙下东口	Miàoxià Dōngkǒu	山东省烟台市长岛县	38°17.7′	120°49.1′
后口湾	Hòukǒu Wān	山东省烟台市长岛县	38°10.5′	120°45.2′
大口塘	Dàkǒutáng	山东省烟台市长岛县	38°09.6′	120°45.3′
井口湾	Jǐngkǒu Wān	山东省烟台市长岛县	38°09.6′	120°45.9′
吕山口湾	Lǚshānkǒu Wān	山东省烟台市长岛县	38°09.5′	120°46.5′
砣子湾	Tuózi Wān	山东省烟台市长岛县	38°09.5′	120°44.8′
月牙湾	Yuèyá Wān	山东省烟台市长岛县	37°59.3′	120°42.5′
山后湾	Shānhòu Wān	山东省烟台市长岛县	37°58.5′	120°43.7′
北庄湾	Běizhuāng Wān	山东省烟台市长岛县	37°58.1′	120°37.5′
北城湾	Běichéng Wān	山东省烟台市长岛县	37°57.8′	120°43.1′
船旺湾	Chuánwàng Wān	山东省烟台市长岛县	37°56.9′	120°37.4′
连城湾	Liánchéng Wān	山东省烟台市长岛县	37°56.9′	120°43.6′
北口	Běi Kǒu	山东省烟台市长岛县	37°56.8′	120°40.7′
王沟湾	Wánggōu Wān	山东省烟台市长岛县	37°56.6′	120°44.7′
西口	Xī Kǒu	山东省烟台市长岛县	37°56.3′	120°40.3′

标准名称	汉语拼音	行政区	地理位置	
			北纬	东经
南口	Nán Kǒu	山东省烟台市长岛县	37°55.9′	120°40.5′
长岛港湾	Chángdǎo Gǎngwān	山东省烟台市长岛县	37°55.2′	120°43.5′
赵王湾	Zhàowáng Wān	山东省烟台市长岛县	37°54.6′	120°45.5′
前口	Qián Kǒu	山东省烟台市长岛县	37°54.5′	120°44.0′
龙王湾	Lóngwáng Wān	山东省烟台市龙口市	37°47.1′	120°26.5′
蓬莱港	Pénglái Gǎng	山东省烟台市蓬莱市	37°49.7′	120°44.2′
花石圈	Huāshí Quān	山东省烟台市蓬莱市	37°49.7′	120°53.0′
白石	Báishí	山东省烟台市蓬莱市	37°49.1′	120°55.3′
草埠	Cǎobù	山东省烟台市蓬莱市	37°49.0′	120°56.0′
刘家旺	Liújiāwàng	山东省烟台市蓬莱市	37°47.3′	120°56.3′
辛家港	Xīnjiā Gǎng	山东省烟台市海阳市	36°43.9′	121°21.4′
大埠圈	Dàbù Quān	山东省烟台市海阳市	36°42.9′	121°23.2′
小海口	Xiǎohǎi Kǒu	山东省烟台市海阳市	36°42.7′	121°17.8′
前圈	Qián Quān	山东省烟台市海阳市	36°42.4′	121°23.0′
蟒家滩	Mǎngjiātān	山东省威海市环翠区	37°32.8′	122°08.3′
柳树湾	Liǔshù Wān	山东省威海市环翠区	37°32.8′	122°08.6′
麻子港	Mázi Gǎng	山东省威海市环翠区	37°32.3′	122°03.8′
黑水洋	Hēishuǐ Yáng	山东省威海市环翠区	37°32.0′	122°09.4′
合庆湾	Héqìng Wān	山东省威海市环翠区	37°31.8′	122°09.4′
石岛滩	Shídǎotān	山东省威海市环翠区	37°31.8′	122°02.0′
半月湾	Bànyuè Wān	山东省威海市环翠区	37°31.7′	122°09.2′
黄泥湾	Huángní Wān	山东省威海市环翠区	37°31.1′	122°08.9′
石岛港	Shídǎo Gǎng	山东省威海市环翠区	37°30.8′	122°00.6′
荷花湾	Héhuā Wān	山东省威海市环翠区	37°30.7′	122°11.1′
倒水湾	Dàoshuǐ Wān	山东省威海市环翠区	37°30.5′	122°10.3′
骡子圈	Luózi Quān	山东省威海市环翠区	37°30.2′	122°11.9′
黄埠港	Huángbù Gǎng	山东省威海市环翠区	37°29.4′	121°59.0′

标准名称	汉语拼音	行政区	地理位置	
			北纬	东经
铁底湾	Tiědǐ Wān	山东省威海市环翠区	37°27.5′	122°15.2′
羊龙湾	Yánglóng Wān	山东省威海市环翠区	37°27.4′	122°13.7′
大圈	Dà Quān	山东省威海市环翠区	37°27.3′	122°15.8′
皂埠口	Zàobù Kǒu	山东省威海市环翠区	37°25.9′	122°16.6′
黄石圈	Huángshí Quān	山东省威海市环翠区	37°24.9′	122°18.2′
螺口	Luó Kǒu	山东省威海市环翠区	37°24.8′	122°22.3′
逍遥港	Xiāoyáo Gǎng	山东省威海市环翠区	37°24.2′	122°19.5′
霞口滩	Xiákǒutān	山东省威海市荣成市	37°25.1′	122°37.3′
龙眼湾	Lóngyǎn Wān	山东省威海市荣成市	37°25.1′	122°38.6′
马栏湾	Mǎlán Wān	山东省威海市荣成市	37°24.9′	122°39.9′
北艾子沟	Běi'àizǐgōu	山东省威海市荣成市	37°24.4′	122°41.7′
南艾子沟	Nán'àizǐgōu	山东省威海市荣成市	37°24.0′	122°41.9′
筏子窝	Fáziwō	山东省威海市荣成市	37°23.5′	122°39.1′
龙须湾	Lóngxū Wān	山东省威海市荣成市	37°23.3′	122°40.2′
汪流口	Wāngliú Kǒu	山东省威海市荣成市	37°23.1′	122°41.4′
月湖	Yuèhú	山东省威海市荣成市	37°20.9′	122°34.2′
俚岛湾	Lǐdǎo Wān	山东省威海市荣成市	37°15.6′	122°34.3′
窝石圈	Wōshí Quān	山东省威海市荣成市	37°01.8′	122°27.1′
崮口	Gù Kǒu	山东省威海市荣成市	37°01.8′	122°27.7′
斜口港	Xiékǒu Gǎng	山东省威海市荣成市	36°55.8′	122°10.5′
庙坞	Miàowù	山东省威海市荣成市	36°55.8′	122°29.1′
王家湾	Wángjiā Wān	山东省威海市荣成市	36°51.7′	122°22.4′
朱口东圈	Zhūkǒu Dōngquān	山东省威海市荣成市	36°50.3′	122°20.9′
朱口西圈	Zhūkǒu Xīquān	山东省威海市荣成市	36°50.2′	122°19.6′
浪暖口湾	Làngnuǎnkǒu Wān	山东省威海市乳山市	36°55.2′	121°51.6′
葫芦港口	Húlú Gángkǒu	山东省威海市乳山市	36°46.2′	121°29.9′
大圈	Dà Quān	山东省威海市乳山市	36°45.6′	121°30.9′
万平口潟湖	Wànpíngkǒu Xìhú	山东省日照市东港区	35°25.0′	119°33.3′

二、水道

标准名称	汉语拼音	行政区	地理位置	
			北纬	东经
乳山口	Rǔshān Kǒu	山东省	36°47.5′	121°29.3′
斋堂水道	Zhāitáng Shuǐdào	山东省青岛市黄岛区	35°38.1′	119°55.2′
横门	Héng Mén	山东省青岛市即墨市	36°24.7′	120°56.4′
隍城水道	Huángchéng Shuǐdào	山东省烟台市长岛县	38°22.6′	120°54.4′
珍珠门水道	Zhēnzhūmén Shuǐdào	山东省烟台市长岛县	37°59.2′	120°40.8′
螳螂水道	TángLáng Shuǐdào	山东省烟台市长岛县	37°59.1′	120°40.2′
宝塔门水道	Báotǎmén Shuǐdào	山东省烟台市长岛县	37°59.0′	120°39.5′
长会口	Chánghuì Kǒu	山东省威海市	36°57.2′	122°08.9′
双岛口	Shuāngdǎo Kǒu	山东省威海市环翠区	37°29.0′	121°57.6′
白沙口	Báishā Kǒu	山东省威海市乳山市	36°48.4′	121°37.7′
万平口	Wànpíng Kǒu	山东省日照市东港区	35°24.1′	119°33.6′

三、滩

标准名称	汉语拼音	行政区	地理位置	
			北纬	东经
月牙湾滩	Yuèyáwān Tān	山东省青岛市黄岛区	35°53.9′	120°11.3′
明滩	Míng Tān	山东省青岛市黄岛区	35°37.2′	119°51.5′
拉网滩	Lāwǎng Tān	山东省青岛市黄岛区	35°36.8′	119°51.7′
沙盖	Shāgài	山东省青岛市即墨市	36°25.1′	120°54.8′
烟台滩	Yāntái Tān	山东省青岛市即墨市	36°19.9′	120°39.8′
蓬莱海水浴场	Pénglái hǎishuǐyùchǎng	山东省烟台市蓬莱市	37°49.3′	120°45.8′
聂家滩	Nièjiā Tān	山东省烟台市蓬莱市	37°45.6′	120°35.3′
金滩	Jīn Tān	山东省威海市文登市	36°55.5′	121°53.5′
成山头林场海水浴场	Chéngshāntóu-línchǎnghǎishuǐ chǎ	山东省威海市荣成市	37°23.9′	122°33.6′
掏萝岛子	Tāoluódǎozi	山东省威海市荣成市	37°09.2′	122°30.1′
石岛湾海水浴场	Shídǎowānhǎishuǐ-chǎ	山东省威海市荣成市	36°55.4′	122°25.5′

标准名称	汉语拼音	行政区	地理位置	
			北纬	东经
万宝海水浴场	Wànbǎohǎishuǐ-yùchǎng	山东省日照市东港区	35°34.4′	119°39.5′
沙北头	Shāběitóu	山东省日照市东港区	35°33.9′	119°38.6′
大沙洼海水浴场	Dàshāwāhǎishuǐ-yùchǎng	山东省日照市东港区	35°32.0′	119°37.5′
任家台栏	Rénjiātái Lán	山东省日照市东港区	35°30.7′	119°37.5′
肥家长栏	Féijiā Chánglán	山东省日照市东港区	35°29.9′	119°36.9′
李家长栏	Lǐjiā Chánglán	山东省日照市东港区	35°28.9′	119°36.4′
张家台栏	Zhāngjiātái Lán	山东省日照市东港区	35°27.8′	119°36.0′
山海天海水浴场	Shānhǎitiānhǎishuǐ-yùchǎng	山东省日照市东港区	35°27.0′	119°34.7′
北苗家村栏	Běimiáojiācūn Lán	山东省日照市东港区	35°26.4′	119°34.6′
金沙滩海水浴场	Jīnshātānhǎishuǐ-chǎ	山东省日照市东港区	35°25.8′	119°34.2′
万平口海水浴场	Wànpíngkǒuhǎishuǐ-yùchǎng	山东省日照市东港区	35°24.5′	119°33.7′
日照灯塔景区	Rìzhàodēngtǎjǐngqū	山东省日照市东港区	35°23.8′	119°33.7′
刘家湾赶海园	Liújiāwāngǎnhǎi-yuán	山东省日照市东港区	35°16.9′	119°25.5′
海上碑	Hǎishàngbēi	山东省日照市岚山区	35°05.3′	119°20.5′
多岛海	Duōdǎohǎi	山东省日照市岚山区	35°05.2′	119°19.5′

四、半岛

标准名称	汉语拼音	行政区	地理位置	
			北纬	东经
鲍鱼岛	Bàoyú Dǎo	山东省青岛市崂山区	36°07.3′～36°07.5′	120°37.2′～120°37.5′
栲栳岛	Kǎolǎo Dǎo	山东省青岛市崂山区	36°06.5′～36°06.9′	120°32.8′～120°33.9′
南窑半岛	Nányáo Bàndǎo	山东省青岛市崂山区	36°06.1′～36°07.1′	120°34.8′～120°36.3′
王村半岛	Wángcūn Bàndǎo	山东省青岛市即墨市	36°22.6′～36°36.7′	120°44.2′～120°58.4′

五、岬角

标准名称	汉语拼音	行政区	地理位置	
			北纬	东经
小嘴边	Xiǎo Zuǐbiān	山东省青岛市市南区	36°03.6′	120°17.2′
钩蓝角	Gōulán Jiǎo	山东省青岛市市南区	36°03.1′	120°23.3′
海崖头	Hǎiyá Tóu	山东省青岛市黄岛区	36°05.9′	120°06.2′
烟墩嘴	Yāndūn Zuǐ	山东省青岛市黄岛区	36°05.3′	120°08.9′
大石头	Dàshí Tóu	山东省青岛市黄岛区	36°03.7′	120°11.6′
绿岛嘴	Lǜdǎo Zuǐ	山东省青岛市黄岛区	35°59.8′	120°18.4′
张屯嘴	Zhāngtún Zuǐ	山东省青岛市黄岛区	35°58.2′	120°17.8′
鱼鸣嘴	Yúmíng Zuǐ	山东省青岛市黄岛区	35°53.5′	120°10.1′
鼓楼嘴	Gǔlóu Zuǐ	山东省青岛市黄岛区	35°43.6′	119°56.7′
小围嘴	Xiǎowéi Zuǐ	山东省青岛市黄岛区	35°37.3′	119°47.3′
胡家山前嘴	Hújiāshān Qiánzuǐ	山东省青岛市黄岛区	35°36.7′	119°51.9′
黄石岚嘴	Huángshílán Zuǐ	山东省青岛市黄岛区	35°35.9′	119°40.5′
小蓬莱嘴	Xiǎopénglái Zuǐ	山东省青岛市崂山区	36°18.3′	120°39.7′
峰山角	Fēngshān Jiǎo	山东省青岛市崂山区	36°15.0′	120°40.6′
泉岭角	Quánlǐng Jiǎo	山东省青岛市崂山区	36°13.7′	120°40.7′
东嘴	Dōng Zuǐ	山东省青岛市崂山区	36°12.0′	120°41.2′
黄山头	Huángshān Tóu	山东省青岛市崂山区	36°09.8′	120°41.9′
烟墩角	Yāndūn Jiǎo	山东省青岛市崂山区	36°05.4′	120°29.6′
小港角	Xiǎogǎng Jiǎo	山东省青岛市崂山区	36°03.8′	120°26.2′
孤山角	Gūshān Jiǎo	山东省青岛市李沧区	36°06.8′	120°19.5′
东洋嘴	Dōngyáng Zuǐ	山东省青岛市城阳区	36°14.4′	120°17.7′
大窝嘴	Dàwō Zuǐ	山东省青岛市城阳区	36°12.0′	120°17.5′
西嘴子	Xī Zuǐzi	山东省青岛市城阳区	36°11.3′	120°15.4′
南头	Nán Tóu	山东省青岛市即墨市	36°32.5′	120°58.4′
大嘴	Dà Zuǐ	山东省青岛市即墨市	36°27.1′	120°56.2′
鳌山头	Áoshān Tóu	山东省青岛市即墨市	36°20.0′	120°44.0′

标准名称	汉语拼音	行政区	地理位置	
			北纬	东经
南嘴	Nán Zuǐ	山东省青岛市即墨市	36°19.9′	120°41.1′
西北角	Xīběi Jiǎo	山东省烟台市芝罘区	37°37.7′	121°20.6′
外蹦	Wàibèng	山东省烟台市牟平区	37°27.4′	121°40.1′
鱼台嘴	Yútái Zuǐ	山东省烟台市莱山区	37°31.1′	121°26.9′
大洞尖子	Dàdòng Jiānzi	山东省烟台市长岛县	38°23.7′	120°55.2′
东南嘴	Dōngnán Zuǐ	山东省烟台市长岛县	38°23.1′	120°55.5′
将军石嘴	Jiāngjūnshí Zuǐ	山东省烟台市长岛县	38°22.2′	120°54.5′
马石嘴	Mǎshí Zuǐ	山东省烟台市长岛县	37°58.9′	120°36.7′
老婆婆嘴	Lǎopópo Zuǐ	山东省烟台市长岛县	37°58.2′	120°43.8′
东北嘴子	Dōngběi Zuǐzi	山东省烟台市长岛县	37°57.0′	120°41.1′
马头嘴	Mǎtóu Zuǐ	山东省烟台市长岛县	37°55.8′	120°40.7′
避险角	Bìxiǎn Jiǎo	山东省烟台市长岛县	37°55.3′	120°45.5′
东南角	Dōngnán Jiǎo	山东省烟台市长岛县	37°53.7′	120°45.5′
礓头	Jiāng Tóu	山东省烟台市长岛县	37°53.4′	120°45.3′
东北嘴	Dōngběi Zuǐ	山东省烟台市龙口市	37°47.0′	120°27.3′
西南嘴	Xīnán Zuǐ	山东省烟台市龙口市	37°46.3′	120°26.4′
东南嘴	Dōngnán Zuǐ	山东省烟台市龙口市	37°46.3′	120°26.9′
大嘴	Dà Zuǐ	山东省烟台市龙口市	37°44.8′	120°27.3′
石虎嘴	Shíhǔ Zuǐ	山东省烟台市莱州市	37°27.4′	120°05.4′
海北嘴	Hǎiběi Zuǐ	山东省烟台市莱州市	37°26.0′	120°00.7′
黑石嘴	Hēishí Zuǐ	山东省烟台市蓬莱市	37°49.9′	120°52.6′
栾家口角	Luánjiākǒu Jiǎo	山东省烟台市蓬莱市	37°46.7′	120°37.1′
山狼嘴	Shānláng Zuǐ	山东省烟台市海阳市	36°38.8′	120°55.6′
埠岔嘴	Bùchà Zuǐ	山东省烟台市海阳市	36°36.4′	120°55.6′
坨南嘴	Tuónán Zuǐ	山东省烟台市海阳市	36°35.3′	120°57.4′
丁字嘴	Dīngzì Zuǐ	山东省烟台市海阳市	36°35.0′	121°00.9′
远遥嘴	Yuǎnyáo Zuǐ	山东省威海市环翠区	37°33.9′	122°03.8′
猫头山	Māotóushān	山东省威海市环翠区	37°33.3′	122°08.6′

标准名称	汉语拼音	行政区	地理位置	
			北纬	东经
江古嘴	Jiānggǔ Zuǐ	山东省威海市环翠区	37°32.1′	122°09.7′
南崮头	Nángù Tóu	山东省威海市环翠区	37°31.5′	122°09.4′
北山嘴	Běishān Zuǐ	山东省威海市环翠区	37°31.4′	122°09.5′
贝草嘴	Bèicǎo Zuǐ	山东省威海市环翠区	37°30.8′	122°10.8′
黑鱼嘴	Hēiyú Zuǐ	山东省威海市环翠区	37°30.5′	122°11.6′
高角	Gāo Jiǎo	山东省威海市环翠区	37°28.2′	121°57.0′
烟墩嘴	Yāndūn Zuǐ	山东省威海市环翠区	37°27.3′	122°16.0′
东炮台嘴	Dōngpàotái Zuǐ	山东省威海市环翠区	37°27.4′	122°13.2′
百尺崖	Bǎichǐyá	山东省威海市环翠区	37°27.2′	122°16.3′
老姑嘴	Lǎogū Zuǐ	山东省威海市环翠区	37°27.2′	122°13.7′
长峰嘴	Chángfēng Zuǐ	山东省威海市环翠区	37°27.0′	122°09.2′
皂埠嘴	Zàobù Zuǐ	山东省威海市环翠区	37°26.6′	122°16.7′
牛鼻嘴	Niúbí Zuǐ	山东省威海市环翠区	37°25.2′	122°17.3′
虎头角	Hǔtóu Jiǎo	山东省威海市文登市	37°25.8′	122°28.9′
龙眼嘴	Lóngyǎn Zuǐ	山东省威海市文登市	37°25.4′	122°38.3′
大顶子东嘴	Dàdǐngzi Dōngzuǐ	山东省威海市文登市	37°25.4′	122°39.0′
马山头	Mǎshān Tóu	山东省威海市文登市	37°19.8′	122°36.0′
崮东头	Gùdōng Tóu	山东省威海市荣成市	37°17.5′	122°34.3′
龙王里	Lóngwánglǐ	山东省威海市荣成市	37°16.7′	122°33.2′
羊角嘴	Yángjiǎo Zuǐ	山东省威海市荣成市	37°15.8′	122°33.8′
鸡冠嘴	Jīguān Zuǐ	山东省威海市荣成市	37°15.4′	122°34.1′
我岛角	Wǒdǎo Jiǎo	山东省威海市荣成市	37°11.1′	122°35.5′
石乱顶	Shíluàndǐng	山东省威海市荣成市	37°01.4′	122°29.9′
牛栏嘴	Niúlán Zuǐ	山东省威海市荣成市	37°01.4′	122°26.4′
青石嘴	Qīngshí Zuǐ	山东省威海市荣成市	37°00.4′	122°12.4′
先子嘴	Xiānzi Zuǐ	山东省威海市荣成市	36°58.6′	122°10.3′
张家山嘴	Zhāngjiāshān Zuǐ	山东省威海市荣成市	36°56.5′	122°08.9′
曲家嘴	Qǔjiā Zuǐ	山东省威海市荣成市	36°55.6′	122°28.8′

标准名称	汉语拼音	行政区	地理位置	
			北纬	东经
岛东头	Dǎo Dōngtóu	山东省威海市荣成市	36°55.3′	122°32.0′
大庙嘴	Dàmiào Zuǐ	山东省威海市荣成市	36°55.2′	122°11.3′
滑石嘴	Huáshí Zuǐ	山东省威海市荣成市	36°55.1′	122°12.3′
岛西头	Dǎo Xītóu	山东省威海市荣成市	36°53.8′	122°29.5′
炮台嘴	Pàotái Zuǐ	山东省威海市荣成市	36°53.3′	122°26.2′
黄石板嘴	Huángshíbǎn Zuǐ	山东省威海市荣成市	36°52.9′	122°26.7′
三级嘴	Sānjí Zuǐ	山东省威海市荣成市	36°52.3′	122°25.8′
老鳖头	Lǎobiē Tóu	山东省威海市荣成市	36°51.8′	122°24.1′
楂山角	Cháshān Jiǎo	山东省威海市荣成市	36°50.2′	122°17.1′
华龙嘴	Huálóng Zuǐ	山东省威海市荣成市	36°44.9′	122°14.4′
炮台嘴	Pàotái Zuǐ	山东省威海市乳山市	36°49.7′	121°28.4′
寨前南嘴	Zhàiqián Nánzuǐ	山东省威海市乳山市	36°48.8′	121°30.8′
辽岛嘴	Liáodǎo Zuǐ	山东省威海市乳山市	36°48.3′	121°28.5′
小甫嘴	Xiǎofǔ Zuǐ	山东省威海市乳山市	36°48.1′	121°31.7′
桑头嘴	Sāngtóu Zuǐ	山东省威海市乳山市	36°47.8′	121°31.2′
官厅嘴	Guāntīng Zuǐ	山东省威海市乳山市	36°46.2′	121°28.3′
南岛嘴	Nándǎo Zuǐ	山东省威海市乳山市	36°45.7′	121°34.9′
长龙嘴	Chánglóng Zuǐ	山东省威海市乳山市	36°45.3′	121°25.6′
炮台角	Pàotái Jiǎo	山东省威海市乳山市	36°44.6′	121°36.1′
任家台嘴	Rènjiātái Zuǐ	山东省日照市东港区	35°30.5′	119°37.3′
傅疃河东北嘴	Fùtuǎnhé Dōngběi Zuǐ	山东省日照市东港区	35°18.0′	119°26.8′
岚山头	Lánshān Tóu	山东省日照市岚山区	35°05.3′	119°20.8′

六、河口

标准名称	汉语拼音	行政区	地理位置	
			北纬	东经
丁字河口	Dīngzì Hékǒu	山东省	36°34.5′	120°57.3′
王家滩口	Wángjiātān Kǒu	山东省	35°35.2′	119°39.6′

标准名称	汉语拼音	行政区	地理位置	
			北纬	东经
大港口	Dàgǎng Kǒu	山东省青岛市黄岛区	35°51.4′	120°02.5′
沙子口	Shāzi Kǒu	山东省青岛市崂山区	36°07.0′	120°32.8′
水泊河口	Shuǐpō Hékǒu	山东省青岛市即墨市	36°23.8′	120°41.3′
挑河口	Tiǎohé Kǒu	山东省东营市	37°58.1′	118°32.1′
永丰河口	Yǒngfēnghé Kǒu	山东省东营市	37°32.1′	118°58.0′
广利河口	Guǎnglìhé Kǒu	山东省东营市	37°20.9′	118°57.3′
马新河口	Mǎxīnhé Kǒu	山东省东营市河口区	38°06.2′	118°18.5′
沾利河口	Zhānlìhé Kǒu	山东省东营市河口区	38°04.0′	118°24.3′
神仙沟河口	Shénxiāngōu Hékǒu	山东省东营市河口区	38°03.4′	118°56.1′
草桥沟河口	Cǎoqiáogōu Hékǒu	山东省东营市河口区	37°58.5′	118°28.9′
平畅河口	Píngchànghé Kǒu	山东省烟台市	37°42.7′	121°01.5′
夹河口	Jiáhé Kǒu	山东省烟台市	37°34.5′	121°17.9′
辛安河口	Xīn'ānhé Kǒu	山东省烟台市	37°26.2′	121°33.2′
沁水河口	Qìnshuǐhé Kǒu	山东省烟台市牟平区	37°26.6′	121°38.3′
曲栾河口	Qūluánhé Kǒu	山东省烟台市龙口市	37°44.8′	120°27.4′
泳汶河口	Yǒngwènhé Kǒu	山东省烟台市龙口市	37°42.6′	120°23.9′
龙口北河口	Lóngkǒuběihé Kǒu	山东省烟台市龙口市	37°39.2′	120°18.8′
南阳河口	Nányánghé Kǒu	山东省烟台市莱州市	37°13.3′	119°51.5′
皂河口	Zàohé Kǒu	山东省烟台市蓬莱市	37°49.0′	120°50.6′
虞河口	Yúhé Kǒu	山东省潍坊市	37°06.8′	119°16.4′
老河口	Lǎohé Kǒu	山东省潍坊市寒亭区	37°14.5′	119°03.3′
老河口	Lǎohé Kǒu	山东省潍坊市寿光市	37°15.3′	118°56.4′
浪暖口	Làngnuǎn Kǒu	山东省威海市	36°55.6′	121°51.6′
皂埠口	Zàobù Kǒu	山东省威海市环翠区	37°25.8′	122°16.2′
昌阳河口	Chāngyánghé Kǒu	山东省威海市文登市	36°58.0′	122°00.0′
车道河口	Chēdàohé Kǒu	山东省威海市荣成市	37°10.1′	122°33.5′
斜口流	Xiékǒuliú	山东省威海市荣成市	37°06.1′	122°27.6′
两城河口	Liǎngchénghé Kǒu	山东省日照市东港区	35°34.0′	119°38.5′
傅疃河口	Fùtuǎnhé Kǒu	山东省日照市东港区	35°17.9′	119°26.6′
套尔河口	Tào'ěrhé Kǒu	山东省滨州市	37°59.1′	118°04.0′

附录二

《中国海域海岛地名志·山东卷》索引

D

L

M

N

P